这样吃补阴阳

——男人壮阳女人滋阴菜谱

主编　柴可夫

浙江出版联合集团
浙江科学技术出版社

前 言 *Preface*

随着生活水平的提高，人们更多地关注如何才能吃出健康，吃出长寿，也就是怎样通过日常饮食来强身健体。常言道："药补不如食补，药疗不如食疗。"科学地搭配饮食，不仅可以享受美味，还可以滋补与调理身体，从而达到"有病治病，无病防病"的目的。只有学会对症"下药"，懂得从众多食材中选择最适合自己并能补充体内所缺营养素的人，才能做到均衡膳食、强健身体。

《这样吃补阴阳——男人壮阳女人滋阴菜谱》共分三部分，简明通俗地介绍了性健康、和谐性生活及滋阴壮阳饮食等有关知识，详细介绍了64种滋阴壮阳的食材，精选了65例滋阴壮阳美食，并以简洁的文字对每款菜肴的材料、制作方法、注意事项及禁忌都作了说明。全书图文并茂，步骤清晰，食材明确，简单易行。按书习做，你一定能烹制出色、香、味俱佳，且营养健康的滋阴壮阳家常菜。

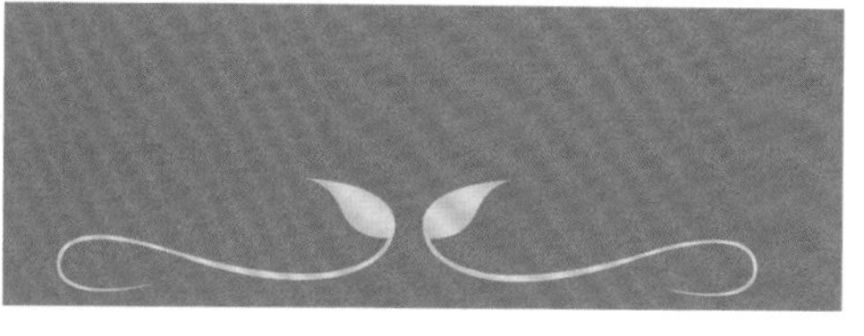

目 录 Content

Part 1 性健康与性生活

Part 2 男人壮阳食疗方

Part 3
女人滋阴食疗方

Part 1 性健康与性生活

性生活的作用

人类有两大欲望，其一为食欲，其二为性欲。食欲的满足与否是个人行为，而性欲的满足是由夫妻共同协作完成的，所以说性生活是夫妻的公共事业。除了享受快感和生育儿女外，和谐的性生活还可以祛病延年，使人美丽。

性生活能祛病延年

据《史记·包公传》记载：济北王侍者韩女腰酸背痛不时发作，且怕冷怕热。包公（淳于意）诊后认为，她的病属于内寒、月经不通，是由于“欲男子而不得”所致。此病例中的韩女因长期不与男子交接，从而酿成闭经、腰痛的病症。现实生活中的乳腺癌、前列腺癌、早衰、阴道炎及性器官萎缩等疾患，大都与性生活不正常密切相关。

古人对正常性生活能补益身体有许多精辟的论述，比如《素女经》说：“男女相成，犹天地相生也。天地得交会之道，故无终竟之限；人失交绝之道，故有夭折之渐。”又说：“交接之道，故有形状，男致不衰，女除百病，心意娱乐气力强。”这说明：凡健康的成年人都必须有正常的性生活，通过性生活可以达到养生的目的；否则，长期抑欲，违背了生理规律，就会导致疾病，并损伤寿命。

现代医学认为性生活能祛病延年的作用主要有以下几方面：

1. 正常而有规律的性生活能维持性器官的生理活动。性交时，体内激素分泌旺盛，心跳加快，血液循环增强，可将血中的养分送达全身，同时也使包括神经系统在内的全身器官处于较佳的运动状态，可防止早衰。

2. 性交时能刺激卵巢及肾上腺释放多量激素，有助于防止妇女乳腺癌的发生；对绝经期妇女还可以减轻不适症状，顺利度过更年期。

3. 男性精液中所含的精液胞浆素，有较强的杀菌作用。性生活不正常，女性阴道长期吸收不到精液，容易发生阴道炎之类疾病。

4. 正常的性生活能使男子精液不致于滞留过久，保持前列腺通畅，避免前列腺癌发生。

5. 长期不过性生活，睾丸或卵巢、脑下垂体前叶的促性腺功能都会下降，雄激素或雌激素分泌减少，从而加快衰老过程。

6. 没有性生活的老年妇女要比同年龄而有性生活的老年妇女更易发生废用性阴道萎缩，长期没有性生活的老年男性也会发生废用性阳萎或性器官萎缩。无论男女，性器官萎缩不仅可能成为某些生理及心理疾病的诱发根源，而且还可能缩短寿命。

7. 老年人的性生活除可避免废用性器官萎缩外，还有助于延缓大脑老化。

性生活是美容的催化剂

痤疮俗称“青春痘”，为青春期常见的一种皮肤疾患，严重影响了人的容貌美观。这主要是由于过多的雄激素引起的，如不加治疗，则此起彼伏，延续反复，难以根除。一旦结婚，雄激素从性生活中“找”到了出路，痤疮也就自动“下岗”，不再“痘”留。

性生活时，体内激素分泌旺盛，高潮时心跳加快，血液循环递增，血液中的营养成分输送到全身，对各个器官，尤其是皮肤受益最大，使之更柔滑润泽。

紧张会导致惹人烦恼的皱纹，疲劳能影响人的精神状态，二者都影响人的容貌。性学专家认为，性交是消除疲劳的最好办法。性生活能让紧张的情绪松弛下来，并且在性交之后能使睡眠更充分，疲劳也随之消失，因此能起到美容作用。

在性冲动时，心情舒畅，瞳孔会放大，两眼会发亮，含情脉脉，此时性交，双方都会觉得对方漂亮。很多人认为这是“情人眼里出西施”，其实不然，这是生理和心理的综合反映，即是通常所说快乐使人美丽。

两位意大利皮肤专家研究发现，性生活能使干性和油性皮肤变得水嫩、滋润、细腻，成为富有弹性的不油也不干的中性皮肤，并使头发变得浓亮，体现出比结婚前或同年龄不过性生活的人更年轻、美丽。有人做过调查，那些显得格外美丽的以及衰老缓慢的，都是性生活比较和谐的人。

性生活对美容的作用已为性学专家所公认。有的说：因具有生理和心理的双重功效，故性交是一种神速的美容疗法。也有的说：性生活是美容的催化剂。两种说法都有一个共同的意思，就是性生活可以使你更美丽。

性生活为什么会力不从心

引起男女在性生活上力不从心的因素很多，通常有下列数种：

1. 男性患有早泄、阳痿、不射精、逆行泄精、遗精等症状；女性患有交媾困难、交媾疼痛、性冷淡和缺乏性高潮等症状。

2. 精神疲劳或心情不愉快而引起大脑某个区域异常兴奋时，会极大地抑制对性刺激的传递，因而无法引起性冲动。

3. 年幼时受到错误的性教育，认为性生活是淫荡、下流的行为，使性欲受到了抑制。女性担心性交痛，惧怕怀孕或曾经遭受过性创伤（如被强奸或乱伦等），产生性交恐惧感和厌恶感，而导致性欲低下。

4. 过度劳累引起的性欲和性功能极大的消退。

5. 缺乏性知识和性技巧，彼此不了解对方的性生理和性心理，不懂得性交前准备工作的重要性。有的男子一意孤行，妻子在性生活中得不到快感和性高潮，而对性生活兴趣减退；有的女子在性生活中专门说那些令人扫兴的语言，久而久之，令丈夫性欲减退甚至阳萎。

6. 拘泥于性生活的老套套，不知道创造罗曼蒂克气氛以增加性生活的内涵。长此以往，大脑皮质对性刺激的反应就会迟钝，使性功能减退。

7. 夫妻感情不好，导致性欲减退。

8. 患有神经疾病和神经损伤、内分泌（激素）系统疾病，糖尿病、消耗性的慢性病、精神病、动脉硬化、紧张症、营养障碍症等疾病，皆可导致性欲减退。

9. 有些上了年纪的人，不懂得性生活能祛病延年的道理，有性欲望，能忍则忍，结果导致废用性器官萎缩而加速性欲下降。

10. 有些中草药具有抗性激素样作用，很多西药对性功能也有副作用。在常见食物中，兔肉等具有倒阳作用，向日葵和苦瓜能导致睾丸萎缩。长期服用或食用这些药物或食物，而影响性欲的也不在少数。

11. 由于褪黑素猛减、甲状腺功能减退、缺锌等原因而引起的性欲减退，也很常见。

看看自己的“性”福指数是多少

性事的和谐，对生活的幸福指数具有重要的作用。有些年轻夫妇也许会出现性事不协调等问题，即性功能障碍。

现实生活中，“性”福已越来越受到人们的关注和重视。众所周知，随着现代生活节奏加快，人们承受压力越来越大，已经严重影响到人的健康，尤其是都市青年男女，常常会感到身心疲惫、腰酸腿软。和谐的性生活不仅能增进夫妻感情，有益双方身心健康，也直接影响下一代的品质。可以说，和谐的性生活是家庭关系圆满的重头戏，但是性功能障碍又是影响这一指数的重要因素。怎样通过饮食来消除性功能障碍，进而营造圆满的性生活？这是每一个男性和女性都希望得到的结果。

1. 男性主要性功能障碍

（1）阳痿　其症状为阴茎痿软，不能勃起进行性交，或勉强勃起不能维持足够长的时间，这是男性常见病之一。

（2）遗精　是指不因性交而精液自行泄出的病症，有生理性与病理性之分。中医将精液自遗现象称遗精。有梦而遗者为梦遗；无梦而遗，甚至清醒时精液自行滑出的称为滑精。

（3）早泄　其症状是进行性行为时过早射精，无法维持较长时间的性交，包括未与对方接触就射精。

2. 女性主要性功能障碍

（1）性冷淡　其症状是长期无性欲，可称之为性欲低下。

（2）性交出血　其症状是每逢性交时，阴道即有出血的现象。有的是因器质性病变，如子宫炎等；有的是因肿瘤等情况。

除了上述各类型男女常见的性功能障碍之外，许多慢性疾病对性功能也有影响，如慢性肾脏病、肝硬化、营养不良、高血压、心血管疾病等，都可使自律神经病变，引起勃起功能障碍，或造成性欲低下，或代谢紊乱。

3. 吃出“性”致勃勃

男人要保持性功能的长盛不衰，维持性健康，应当注意各方面的调养、保护，其中饮食调养最重要。在性生活中，人既有精神的欢快，又有物质的消耗，要补充这些耗损，就必须合理增加营养。

我们祖先很早就懂得了饮食与医疗保健的密切关系。我国最早的药学专著《神农本草经》就记载了大枣、芝麻、葡萄、

莲子、山药、核桃等食物具有补肾益精助阳的功能。历代的中医典籍还记载了狗肉、羊肉和动物鞭类都具有提高性欲、治疗性功能障碍的功效。

我国古代的医学家创立了药食同源学说，发明了药膳，巧妙地利用具有医疗作用的食物来达到强身健体的目的。

4. 有利于防止性功能衰退的食物

植物类食品有：芝麻、黄瓜、韭菜、核桃、裙带菜等，动物类食品有：羊肉、泥鳅、麻雀、淡菜（贻贝肉）、虾、海参等。需要强调的是，核桃仁含有丰富的蛋白质和矿物质，如钙、镁、锰、锌等，无论生食熟食，均可治疗肾虚、阳萎、遗精等症。

国外的营养专家用现代技术对一些食物进行了分析研究，认为具有强精效果的食物有山药、鳝鱼、银杏、海参、冻豆腐、海水鱼、豆腐皮、花生、核桃、芝麻等，因为它们含有较多的精氨酸，而精氨酸是形成精子的主要物质。这项研究成果表明，现代医学的研究与我国古代医书的记载有着惊人的一致或相近，由此可以印证我国古代医学家关于食疗食补的科学性。

用食物补肾助阳，只能根据自身身体状况适当进行，不能没限制地过量进补，否则“过犹不及”会带来副作用，对身体造成不必要的伤害。

男人最容易透支的就是健康。合理的饮食和良好的心态则是身体承受重压的基础，所以营养素的摄取、日常三餐的吃法等都是男性必须关注的重要问题。

正确认识阳痿

阳痿表现为有性欲的状态下，阴茎不能勃起进行正常性交；或阴茎虽能勃起，但不能维持足够的时间和硬度，无法完成正常的性生活。阳痿分为原发性和继发性两种。从未进行过性交的称为原发性阳痿；以前可以进行性交，后来出现阴茎不举者称为继发性阳痿。

1. 阳痿的原因

（1）精神神经因素　如新婚缺乏性知识，有紧张和焦虑的心理，或夫妻感情不和，或自慰过度，或思想负担过重，或脑力和体力劳动过度，或不良精神刺激（如过度抑郁、悲伤等），或性生活过度等均可引起大脑皮层功能紊乱而出现阳痿。

（2）神经系统病变　大脑局部性损害，如局部性癫痫、脑炎、脑出血压迫，脊髓损伤、脊髓肿瘤、慢性酒精中毒、多发性硬化症等均可引发阳痿。

（3）内分泌病变　如糖尿病、脑垂体机能不全、睾丸损伤或功能低下、甲状腺机能减退及亢进、肾上腺功能不足等可引起阳痿。

（4）泌尿生殖器官病变　如前列腺炎、前列腺增生、附睾炎、精索静脉曲张等可导致阳痿。

（5）药物影响　临床上很多药物对性功能有抑制作用，如利血平、胍乙啶、地高辛、安定、速尿、胃复安等均可导致阳痿。

2. 饮食调养

（1）多吃壮阳食物　壮阳食物主要有狗肉、羊肉、麻雀、牛鞭、羊肾、核桃、动物内脏、牛肉、猪肉、鸡肉、鸡肝、蛋、山药、银杏、冻豆腐、鳝鱼、海参、墨鱼、章鱼等。

（2）不必忌口　民间流传的一些说法，如吃丝瓜会阳萎，是没有科学根据的。预防阳痿、早泄不必忌口，以免处处设防，增加心理负担，造成营养缺乏，导致身体虚弱。

3. 其他调养

（1）节房事　夫妻分床，停止性生活一段时间，避免各类刺激，让中枢神经和性器官得到充分休息，是防治阳痿的有效措施。

（2）消除心理因素　要正确对待性欲，不能因为一两次性交失败而缺乏信心。夫妻双方要增进感情交流，消除不和谐因素，默契配合。

（3）提高身体素质　应积极进行体育锻炼，增强体质；并且注意休息，防止过度疲劳，充分调整中枢神经系统。

此外，也要谨慎用药，以防止药物对性功能造成抑制作用。

不射精是怎么回事

不射精是指在性生活中，阴茎能很好勃起，但在性交过程中，不能在女性阴道内射精，达不到性高潮，阴茎勃起一段时间后，就慢慢变软而恢复正常。

不射精分为原发性和继发性两种。原发性不射精是指勃起的阴茎从未能在女性阴道内射精。若过去有性交射精，而现在丧失在阴道内射精的能力，则为继发性不射精。

不射精应与两种情况相区别开来：一种是射精管本身或尿道身体的开口处因发炎、结疤等疾病引起阻塞，会出现射不出精液的现象，但有射精感觉和性高潮。另一种是逆行射精，做过前列腺、膀胱等手术的病人，有时精液会逆射到膀胱里。

1. 不射精的病因

不射精的原因较多，包括性知识缺乏，阴茎进入阴道后不提插，龟头接受刺激不够，因而未能达到射精所需的阈值；情绪激动或精神紧张，如害怕射精会有碍健康；夫妻不和，性兴奋不够，不能将精神集中于性感受上。

此外，长期手淫、性交过频、性疲劳、长期服用抑制性药物、慢性酒精中毒、可卡因慢性中毒、尼古丁中毒、吗啡瘾等也会抑制射精。

2. 不射精的预防

（1）加强营养，积极锻炼身体，治疗慢性疾病，补益身体虚亏，恢复体质。

（2）性交环境要安静，排除有被打扰可能的心理。

（3）增进夫妻感情，营造良好的夫妻关系。

（4）注意性生活的方式和姿势，使性器官能接受更多刺激。

（5）重病恢复期、远行及劳累后不宜进行房事。

3. 不射精的饮食康复

（1）肾气不足者，食核桃韭菜炒鸡肉：鸡肉 100 克，核桃仁 20 克，韭菜 30 克；鸡肉洗净切片，韭菜洗净切段，三物炒熟，调味食之。

（2）肾精亏虚者，食沙参虫草煲乌龟：龟 1 只，沙参 30 克，冬虫草 10 克，加水煲汤，佐油、盐调汤，饮汤食肉。

（3）淤血阻滞者，食荔枝山楂粥：荔枝 30 克，山楂 30 克，粳米 100 克，加水适量煮粥食。

与早泄说 bye-bye

早泄是指性交时间很短即行排精。有的根本不能完成性交，有的阴茎尚未与女方接触，或刚接触女方外阴或阴道口，或阴茎刚进入阴道不久（一般指少于 2 分钟）即行射精，排精后阴茎随之疲软，不能维持正常性生活的一种病症。

1. 早泄的类型

一是习惯性早泄，指成年后性交一贯早泄。这种人的性欲旺盛，性生理功能正常，阴茎勃起有力，交媾迫不及待，大多见于青壮年。

二是年老性早泄。是由于性功能减退引起，表现为中老年以后或老年人发生的射精时间提前，常伴有性欲减退与阴茎勃起无力现象。

三是偶见早泄。在某种精神或躯体的应激情况之后发生的早泄，常伴有勃起乏力。大多在身心疲惫、情绪波动时发生。

2. 饮食调养

多食一些具有补肾固精的食物，如牛肉、核桃肉、芡实、栗子、山药、鸽蛋、猪腰等。

3. 其他调养

（1）戒除手淫，避免发生婚前性行为。

（2）调整情绪，消除紧张、自卑、恐惧心理。性生活时要充分放松。

（3）勿纵欲，勿疲劳行房，勿勉强交媾。

（4）男方患有早泄，女方切勿埋怨、责怪或讥笑，以免加重男方的心理压力。

（5）积极参加体育锻炼，以提高身心素质，增强意念控制力。

（6）阴虚火亢型早泄患者，不宜食用过于辛热的食品，如羊肉、狗肉、麻雀、牛羊鞭等，以免加重病情。

频繁遗精有害身体健康

频繁遗精，是指在没有手淫与性生活时的射精。青春期后的男性，每月正常的遗精次数为 1 ~ 2 次。倘若几天发生一次或一个月内发生 4 ~ 5 次以上，或婚后男子有了较为规律的性生活后仍发生频繁的遗精，另外还伴有腰酸腿乏、精神萎靡、头晕眼花、失眠多梦，即为频繁遗精。

中医认为遗精的病因主要有二条：一是肾虚封藏不固，另一是精室受扰。具体来说，造成遗精的原因主要有：

1. 缺乏正确的性知识。如经常处于色情冲动中，或有手淫习惯，使大脑皮质始终处于兴奋状态，从而导致遗精。

2. 生殖器官局部炎症形成不良刺激而引起遗精。如患包皮炎、尿道炎、前列腺炎等诱发性器官充血，造成不良刺激，也会引起遗精。

3. 体质过于虚弱、劳累过度等造成全身器官功能失调，尤其是大脑皮层失去对低级性中枢的控制，而勃起中枢、射精中枢兴奋性增强，进而引起遗精。

4. 喜欢热水浸足，穿紧身衣裤，或入睡后盖被太暖等。

频繁遗精会使人精神萎靡不振、头昏乏力、腰膝酸软、面色发黄，影响身心健康。治疗频繁遗精，可以采用运动疗法，增强人体对低级神经中枢的控制，以避免遗精。比较有效的方法包括：仰卧起坐、提肛运动、自我按摩丹田穴（腹部脐下方 2 指处）等。饮食上，可多吃枸杞子、紫须参、豇豆、何首乌、海参等食物。

血精的来龙去脉

男子患前列腺炎、精囊炎等疾病时，精液呈粉红色或红色，内含大量红细胞，称为“血精”。根据含血量多少，可表现为肉眼血精、含血凝块，或仅在显微镜下有少量红细胞。

血精常由精囊及前列腺的炎症、结核、结石或外伤、精索静脉曲张、血吸虫、精囊炎、前列腺癌、精阜乳头状瘤、前列腺肥大、肝硬化伴门静脉压增高等疾病引起。

1. 中药治疗

急性期多为湿热下注，治疗宜清热化湿、凉血止血，方用“四妙散”加味（苍术、黄柏、牛膝、薏米、蒲公英、藕节、茅根、生地、大小蓟）。慢性期多为阴虚火旺，治疗宜滋阴降火、凉血止血，方用“知柏地黄汤”加旱莲、女贞子、仙鹤草。后期多为气血亏虚，治疗宜补益气血、引血归经，方用“归脾汤”加减。

2. 饮食疗法

日常饮食中可常食具有滋阴、清热、利湿及凉血止血的食物，如鸭肉、赤豆、冬瓜、鲜藕、荠菜、莲子、大枣、薏米、生地、茯苓、山药、鲜鱼等。

3. 按摩

用按摩精囊前列腺的方法，让精囊内含有细菌的液体排空，以利于恢复健康。

4. 停止性生活。

5. 用磺胺药或抗生素治疗其炎症。

睾丸炎的康复

睾丸炎通常由细菌或病毒引起。睾丸本身很少发生细菌性感染，由于睾丸有丰富的血液和淋巴液供应，对细菌感染的抵抗力较强。细菌性睾丸炎大多是由于邻近的附睾发炎引起的，所以又称附睾睾丸炎。

常见的睾丸炎有非特异性和腮腺炎性睾丸炎。患者常常会出现睾丸疼痛，并向腹股沟放射，有明显的下坠感觉，伴有高热、恶心、呕吐等，同时睾丸肿大，压痛非常明显，阴囊皮肤红肿。

1. 饮食保健

应该多吃新鲜蔬菜与水果，增加维生素 C 等成分的摄入，以提高身体抗炎能力。少吃猪蹄、鱼汤、羊肉等发物，以免引起发炎部位分泌物增加，使炎症进一步浸润扩散和加重。

2. 药物保健

（1）细菌性睾丸炎治疗法　通常采用普鲁卡因青霉素，每次 80 万单位，每日 2 次，肌肉注射；或庆大霉素，每次 8 万单位，每日 2 次，肌肉注射，连用 5 ~ 7 日。待炎症有所控制后，改用口服抗菌药物，如先锋霉素、复方新诺明等。

（2）中药治疗　治疗原则为清热解毒和消肝平火，药物有龙胆草、柴胡、黄柏、黄芩、车前子等。如为病毒性睾丸炎，可用金银花、板蓝根、玄参、蒲公英等。

（3）外用药物　赤小豆粉合鸭蛋清外敷阴囊，或采用黄如意散用醋调匀后外敷外阴，每日 1 ~ 2 次，可减轻疼痛，帮助睾丸消肿。

摆脱月经不调

月经不调是月经的周期、经量、经色、经质的改变或伴随月经周期前后出现的某些症状为特征的多种疾病的总称。月经不调可分为月经先期（经早）、月经后期（经迟）、月经先后无定期（经乱）。

1. 病因

月经与肝、脾、肾关系密切。肾气旺盛，肝脾调和，冲任脉盛，则月经按时而下。月经先期，或因素体阳盛，过食辛辣，助热生火；或情志急躁或抑郁，肝郁化火，热扰血海；或久病阴亏，虚热扰动冲任；或饮食不节，劳倦过度、思虑伤脾，脾虚而统摄无权。月经后期，或因外感寒邪，寒凝血脉；或久病伤阳，运血无力；或久病体虚，阴血亏虚；或饮食劳倦伤脾，使化源不足而致月经后期。月经先后无定期，或因情绪抑郁，疏泄不及则后期；气郁化火，扰动冲任则前期。或因禀赋素弱，重病久病，使肾气不足，行血无力，或精血不足，血海空虚则后期；若肾阴亏虚，虚火内扰则先期。

2. 正确饮食

很多女性在月经来潮前，有乳房胀痛、腹胀、下腹腹痛、易疲劳、忧郁、失眠等症状。如果在经期前和经期注意饮食调理，即可减轻这些不适感。

（1）月经来潮前一周的饮食宜清淡，易消化，富营养。可以多吃豆类、鱼类等高蛋白质食物；多吃蔬菜、水果，多喝水，以保持大便通畅，减少骨盆充血。

（2）月经来潮初期，女性常会感到腰痛、不思饮食，这时不妨多吃一些开胃、易消化的食物，如面条、薏米粥。

（3）月经期要注意补充营养，多吃营养丰富、易消化的食物，多喝水，多吃蔬菜，保持大便通畅。

（4）月经期会损失一部分血液，因此，月经后期需要多补充含蛋白质及铁、钾、钠、钙、镁等矿物质，如肉、动物肝、蛋和奶等。

3. 错误饮食

（1）女性在月经来潮前吃咸食。因为咸食会使体内的盐分和水分贮量增多，在月经来潮前孕激素增多情况下吃咸食易出现水肿、头痛等现象。月经来潮前 10 天开始吃低盐食物，就不会出现上述症状。

（2）有不少喜欢喝含汽饮料的女性，在经期会出现疲乏无力和精神不振的现象，这是铁质缺乏的表现。因为汽水等饮料大多含有磷酸盐，可使体内铁质产生化学反应，使铁质难以吸收。此外，多喝汽水会导致碳酸氢钠和胃液中和，降低胃酸的消化能力和杀菌作用，且影响食欲。

（3）吃辛辣生冷食物、肥肉、动物油和甜食，抽烟喝酒。这些都是错误的饮食。

缠上了痛经怎么办

痛经是指女人在经期及其前后出现小腹或腰部疼痛，甚至痛及腰骶，每逢月经周期而发，严重者可伴恶心呕吐、冷汗淋漓、手足厥冷，甚至昏厥的一种现象。临床上将其分为原发性和继发性两种。原发性痛经生殖器无明显病变，又称功能性痛经，多见于青春期少女、未婚及已婚未育者。继发性痛经多见于生育后及中年妇女，因盆腔炎症、肿瘤或子宫内膜异位症引起。

1. 缓解痛经的饮食调养

（1）保持饮食均衡　少吃过甜或过咸的食物，应多吃蔬果、鸡肉、鱼肉，并尽量多餐。

（2）服用维生素　许多病人在每天摄取适量的维生素后，很少发生痛经，所以建议服用维生素，一天可服数次。

（3）补充矿物质　钙、钾及镁等矿物质，也能帮助缓解痛经。

（4）少吃含咖啡因的食物　咖啡、茶、巧克力所含的咖啡因，会使痛经患者神经紧张，可造成月经期间不适。

（5）禁酒　如果月经期间容易出现水肿，那么喝酒将会加重此现象。

2. 其他调养

（1）不要使用利尿剂　利尿剂会将重要的矿物质连同水分一同排出体外，所以应减少摄取盐及酒精等物质，而不应单纯使用利尿剂。

（2）保持温暖　保持身体暖和可加速血液循环，并松弛肌肉，尤其是痉挛及充血的骨盆部位。应多喝热开水，也可在腹部放置热敷袋或热水袋，一次数分钟，或用艾条炙小腹。

（3）泡矿物澡　在浴缸里加入一杯盐水及一杯碳酸氢钠，温水泡 20 分钟，有助于松弛肌肉及缓和痛经。

（4）做运动　尤其在月经来潮前夕，多走路或从事其他适度的运动，可制造月经期间的舒适。

（5）练习瑜伽操　练瑜伽有缓和痛经的作用，如弯膝跪下，坐在腿跟上；前额贴地，双臂靠着身体两侧伸直，保持这姿势，直到感到舒服为止。

（6）服用止痛药　当痛经开始时，用牛奶与食物一起服用止痛药（如泰诺林），效果好的止痛药会在 20 ~ 30 分钟后见效，并持续 12 小时不会疼痛。

女性性冷淡解密

性冷淡又称“性抑制”、“性欲缺乏”，通俗地说，就是对性生活无兴趣。不少已婚女性都存在不同程度的性冷淡。性冷淡妨碍女性自身健康，可诱发许多乳房疾病。性冷淡分两种类型：有性感缺乏性冷淡综合征和无性感缺乏性冷淡综合征。

1. 造成女子性冷淡的原因

（1）有性创伤史（强奸、乱伦、性骚扰等）。

（2）青春发育期身体形态的某些异常害怕被人知晓并产生自卑感。

（3）恋爱或婚姻失败后自以为被欺骗，甚至形成对男性的报复心理。

（4）担心怀孕、刮宫、性病等可能带来的痛苦，从而避免性接触。

（5）性交疼痛或不适使之害怕过性生活。

（6）女方仅将性生活作为妻子的义务，而不懂是应有的生理与心理需要。若再加上性知识缺乏而造成性生活技巧不足、方式单调，甚至性高潮障碍，致使性生活无乐趣。

（7）对配偶期望过高，婚后发现丈夫与婚前自己理想中的配偶相差甚远，却又不愿面对现实，适应现实。

（8）丈夫缺乏吸引力或存在性功能障碍。

（9）夫妻关系紧张，妻子将拒绝性交作为一种报复或诱逼手段。

（10）部分急重病、慢性病及其治疗药物的副作用会降低性欲，或因忧虑性生活可能加重疾病，损害身体而抑制性欲。

（11）工作紧张、劳累、嗜酒或因某事造成的思想压力太大而导致性欲淡漠。

（12）生孩子后体态发生变化，自以为失去对异性的吸引力，或将对丈夫的注意力过多转移到孩子身上，或因家务繁琐而失去往日的性爱热情。

（13）某些女性存在自身阴部不洁感，怕感染配偶。

（14）由于自小受传统道德教育的影响，认为“女人不能主动提出性要求，否则就是淫荡”，“夫妻生活应是男方主动性交，女方被动配合”，“性交是一种可耻行为”等，即使有性欲也不敢明确表达出来，长期压抑性欲。

2. 女性性冷淡的按摩治疗法

（1）性敏感部位按摩　性敏感部位是指能激起性欲与性兴奋的体表带或穴位，它包括性敏感带和敏感点。女子的性欲敏感带有耳朵、颈部、大腿内侧、腋下、乳房、乳头等部位，其敏感点有“会阴”、“会阳”、“京门”等穴位。按摩性敏感带时，男方宜缓慢轻揉，使之有一种舒坦的感觉；按摩敏感点时，可用指头按压，以达到激发起女方性欲的效果。

（2）腰部按摩　取直立位，两足分开与肩同宽，双手拇指紧按同侧肾腧穴，小幅度快速旋转腰部，并向左右弯腰，同时双手掌从上向下往返摩擦，约 2 ~ 3 分钟，以深部自感微热为度，每天 2 ~ 3 次。

（3）神阙按摩　仰卧位，两腿分开与肩同宽，双手掌按在神阙穴上，左右各旋转 200 次，以深部自感微热为度，每天 2 ~ 3 次。

（4）导引体操　两腿伸直坐好，自然放开，两手放在身后着地支撑身体，向外张开足尖，同时于吸气时反弯上体，即躯干、头部后仰，接着足尖扭入内侧，同时于吸气中向前弯曲，但双手不能离地。这样前屈、后仰 3 ~ 4 次。

3. 性冷淡的饮食调养

（1）菟丝子、肉苁蓉、女贞子各 20 克，枸杞子、覆盆子、山萸肉、金樱子、鹿角霜各 15 克，车前子、韭菜子、桑螵蛸、蛇床子各 10 克，五味子 6 克。每日一剂，水煎服。本方对女子带下清稀、性冷淡有很好功效。

（2）熟地、淮山、巴戟天、炒白芍各位 15 克，蛇床子、当归、白术、制香附、艾叶、菟丝子、杜仲、鹿角霜、仙茅各 10 克，川花椒、肉桂、吴茱萸各 3 克。每日一剂，水煎服，适用于女子小腹寒冷或小腹冷痛、性欲冷淡。

（3）黄芪、淮山、巴戟天、党参、枸杞子、肉苁蓉各 15 克，菟丝子、煅牡蛎、阳起石各 20 克，熟附片、锁阳、山萸肉各 10 克。每日一剂，水煎服，对女子白带清稀、性欲冷淡有很好功效。

（4）红参 20 克，蛤蚧一对，肉苁蓉 50 克，浸泡在 1 升米酒内，一周后饮用，适用于男女性欲冷淡，暑热天不宜食用。

（5）肉苁蓉 50 克，切片，先放入锅内煮 1 小时，去药渣，放入 150 ~ 200 克碎羊肉，粳米 100 克，生姜 3 ~ 5 片，同煮粥，加入油盐调味，适用于男女性欲冷淡病人，尤其适宜肾虚者。

阴道炎知多少

阴道炎是阴道黏膜及黏膜下结缔组织的炎症，是十分常见的妇科疾病之一。正常健康妇女，由于解剖学及生理特点，阴道对病原体的侵入有自然防御功能。当阴道的自然防御功能遭到破坏，则病原体易于侵入，导致阴道产生炎症。幼女及绝经后妇女由于缺少雌激素，阴道上皮菲薄，细胞内糖原含量减少，阴道 pH 值高达 7 左右，故阴道抵抗力低下，比青春期及育龄妇女易受感染。

阴道炎临床上以白带的性状发生改变及外阴瘙痒灼痛为主要特点，性交疼痛也常见；感染及尿道时，会有尿痛、尿急等症状。

常见阴道炎有细菌性阴道炎、滴虫性阴道炎、念珠菌性阴道炎、老年性阴道炎。老年性阴道炎发生于绝经后、卵巢切除或者盆腔放射治疗以后，其发病率高达 98.5%。

由于阴道炎的发病率主要与个人卫生以及相互感染等因素有关，故平时要注意清洁，防止病菌的侵袭，以杜绝传染源，并要增强体质，预防复发。

1. 饮食调理　饮食要清淡，忌吃辛辣刺激食物，以免酿生湿热或耗伤阴血。同时，要注意饮食营养，增强体质，提高抵抗力。

2. 生活调理　要注意个人卫生，保持外阴清洁干燥。勤洗换内裤，不与他人共用浴巾、浴盆，不穿尼龙或类似面料的内裤。患病期间用过的浴巾、内裤应煮沸消毒。此外，治疗期间禁止性交，或采用避孕套以防止交叉感染。

3. 精神调理　阴道炎患者应稳定情绪，怡养性情，并根据各自性格和发病诱因进行心理治疗。加强锻炼，增强体质，提高免疫功能。

宫颈糜烂的烦恼

宫颈糜烂是女性最常见的生殖器官炎症，尤其是已婚妇女，约半数以上均有不同程度的宫颈糜烂。宫颈糜烂多由急、慢性宫颈炎转变而来。正常子宫表面被一层鳞状上皮覆盖，表面光滑，呈粉红色。宫颈深部组织由于感染发生慢性炎症，使表面上皮营养障碍脱落，上皮的剥落面逐渐被子宫颈管的柱状上皮所覆盖；而柱状上皮很薄，可以透见下方的血管及红色间质，所以表面发红，这就是宫颈糜烂。

白带增多是其主要症状。通常呈黏稠或脓性黏液，有时伴有腥臭味、带血或性交出血；其次是外阴瘙痒、灼热不适，下腹或腰骶部疼痛，每于性交、经期和排便时加重。有的还伴有下肢无力、口苦、恶心、小便发黄等症状。

导致宫颈糜烂的原因主要有 4 种：

1. 性活动过早、性伴侣过多　过早的性生活、频繁地更换性伴侣以及性生活强度过大（每周 4 次以上），是造成宫颈糜烂不可忽视的原因。

2. 不洁的性生活　由于婚前性行为大多处于隐秘状态，加之年轻人没有稳定经济来源，无法创造稳定、洁净的性生活环境，因此患上此病的几率增大。

3. 多次人工流产　由于婚前行为导致多次人工流产、诊断性刮宫、宫颈扩张术等妇科手术，都可能导致宫颈损伤或产生炎症，最后引发宫颈糜烂。

4. 清洁过度　目前市场上有很多女性清洁用品，如果选择不当，使用较大浓度的消毒药液冲洗阴道，不仅会影响阴道正常菌群的生长，使其抑制病菌的作用下降，而且会造成不同程度的宫颈上皮损伤，最终出现糜烂。

宫颈糜烂患者平时要注意外阴清洁，保持情绪稳定，禁止或少发生性行为。饮食上要禁食辛辣、油腻的食品。

盆腔炎的预防及调理

盆腔炎是指女性盆腔生殖器官炎症及周围结缔组织和盆腔腹膜发生炎症反应的统称，包括子宫体炎、输卵管卵巢炎、盆腔结缔组织炎及盆腔腹膜炎等。具体来说，盆腔炎的预防和调理方法有以下几条。

1. 杜绝各种感染途径，保持会阴部清洁、干燥。每晚用清水清洗外阴，切不可用手掏洗阴道内，也不可用热水、肥皂等洗外阴。患盆腔炎时白带量多，质黏稠，所以要勤换内裤，不可穿紧身、化纤质地的内裤。

2. 月经期、人流术后、取环等妇科手术后阴道有流血，一定要禁止性生活，禁止游泳、盆浴、洗桑拿浴，要勤换卫生巾。

3. 被诊为急性或亚急性盆腔炎患者，要遵医嘱积极配合治疗。患者一定要卧床休息或取半卧位，以利于炎症局限化和分泌物排出。慢性盆腔炎患者不要过于劳累，要节制房事。

4. 发热患者在退热时一般出汗较多，要注意保暖，保持身体干燥，出汗后应更换衣裤，避免吹空调。

5. 要注意大便性状，如果便中带脓或有里急后重感，要到医院就诊，以防盆腔脓肿溃破肠壁，造成急性腹膜炎。

6. 有些慢性盆腔炎患者稍感不适，就自服抗生素，这是不可取的。长期服用抗生素会使阴道内菌群紊乱，引起阴道分泌物增多。

7. 盆腔炎病人要注意饮食调理，加强营养。发热期间宜食清淡易消化食品，高热伤津者可饮用梨汁、苹果汁、西瓜汁等，但不可冰镇后饮用。白带色黄、量多、质稠的患者属湿热症，忌食煎烤、油腻、辛辣之物。小腹冷痛、怕凉、腰酸疼的患者属寒凝气滞，可食姜汤、红糖水、桂圆肉等温热性食物。心烦热、腰痛者多属肾阴虚，可食肉蛋类，以滋补身体。

8. 做好避孕工作，尽量减少人工流产术的创伤。

乳腺炎的疗愈之道

乳腺炎是指由化脓性细菌侵入乳腺而引起的急慢性乳腺炎、乳腺脓肿。急性乳腺炎最常见于哺乳期妇女，主要是乳管不通畅，使乳汁淤积，继发细菌感染。急性乳腺炎炎症期的治疗是比较关键的阶段，治疗得当，炎症可以治愈，否则会形成脓肿。

1. 病因

（1）乳汁淤积　哺乳时未将乳汁吸净或乳头内陷妨碍哺乳。

（2）细菌入侵　乳头破损或皲裂，细菌从裂口进入引起乳腺腺体感染；医院内病菌通过婴儿鼻咽部于哺乳时直接侵入乳腺管。

2. 乳腺炎的治疗原则

及早治疗，避免炎症扩大化。全身使用抗生素治疗，暂停哺乳，且须排出乳汁。一旦形成脓肿，应采取手术治疗，切开引流。

3. 乳腺炎的治疗手段

初期宜解表疏肝、清解和营，可用瓜蒌、牛蒡加减；成脓期宜清热解毒、托里透脓，可用透脓散合五味消毒饮加减；溃后宜排脓托毒，可用四妙汤加减，也可配合外治法治疗，如初期可用手法按摩或外敷玉露膏；成脓期宜切开排脓，或穿刺抽脓。

Part 2 男人壮阳食疗方

什么是肾虚

传统中医理论认为，肾为“先天之本”“生命之源”，其生理功能是藏精、主水、主纳气、主骨、生髓，跟人的骨髓、血液、皮肤乃至牙齿、耳朵都有莫大的关系。由于肾有阴虚、阳虚、精虚和气虚的不同，所以有补肾阳、滋肾阴、益肾气、填肾精等不同途径和不同食方。

1. 肾阴虚

“肾阴”也称“真阴”“元阴”“肾水”，指肾脏的阴精。肾阴有滋养脏腑的作用，为人体阴液的根本。肾阴虚症状为：五心烦热、口干舌燥、睡眠不好、舌质红、舌苔少、脉细数。

2. 肾阳虚

肾阳也称“真阳”“元阳”“命门之火”，指肾脏的阳气。肾阳有温养脏腑的作用，为人体阳气的根本。肾阳与肾阴相互依存，两者结合，以维持人体生理机能和生命活动。肾阳虚的症状为：肢寒、怕冷、面色苍白、阳痿、早泄、精神不振、舌质淡、舌苔薄、脉迟缓等。如今各种补肾产品所说的壮阳即是针对肾阳虚而言。

3. 中医补肾

中医补肾是一门很讲究的学问，比如检验自己是肾阴虚还是肾阳虚，可以简单地用怕热还是怕冷来辨别。肾阴虚大多脸发红、五心烦热。肾阳虚则怕冷，四肢发凉、面色苍白。我们在日常饮食是可以保养肾元的，这就要求我们根据自己的需要进行食补。补肾阳的食品有狗肉、鹿肉、虾、牛尾、韭菜等，补肾阴的有乌鸡、鳖甲、枸杞子等。更重要的是要坚持不懈地做到生活规律、心情舒畅，多活动多锻炼，这样才会达到古人说的理想境界：饮食有节、起居有常、房事有度，方可得百岁。

男人壮阳饮食需注意什么

1. 多吃富含优质蛋白质的食物

优质蛋白质主要是指禽、蛋、水产、畜肉类等动物类蛋白及豆类蛋白。大豆制品、鱼类含有较多精氨酸，是很好的补肾壮阳食物。日本学者研究后指出，鲍鱼、章鱼、海扇等贝类含有丰富的氨基酸，是有效的强精食品。滑溜的水产品也具有强精效果，这类食品有鳗鱼、泥鳅、鳝鱼等。

2. 摄入适量脂肪

人体内的性激素（雄、雌激素）主要靠脂肪中的胆固醇转化而来。另外，脂肪中含有精子生成所需的必需脂肪酸。肉类、鱼类、禽蛋含有较多的胆固醇，适量摄入有利于性激素的合成，可提高性功能。

3. 补充与性功能有关的维生素和微量元素

主要是补充锌、维生素 A、维生素 C、维生素 E 等营养成分，可多吃动物肝脏、肉类、鱼、胡萝卜、南瓜、豆类、花生、芝麻等。

4. 最能展现男人阳刚的食物

虾、淡菜、泥鳅、松子、蛇肉、狗肉、韭菜、羊肉、麻雀肉、荔枝、鹿茸、冬虫夏草、杜仲、巴戟天、肉苁蓉、芡实、补骨脂、核桃、黑芝麻等有很好的补肾固精作用，是壮阳助阳的首选食材。

5. 忌吃、少吃影响男人性功能的食物

粗棉籽油、猪脑、羊脑、冬瓜、菱角、火麻仁、杏仁、荸荠、柿子、生萝卜、生黄瓜、生地瓜、甜瓜、芥菜、丁香、茴香、薄荷、白酒、香烟、苦瓜、茭白、慈姑、魔芋、空心菜、蒲公英、鱼腥草、马齿苋、蕨菜、苦菜、荠菜、香椿、莼菜、黑鱼、河蟹、海带、紫菜、豆豉、甘蔗等食物具有伤精气、伤阳道、衰精冷肾的不良作用，应忌吃或少吃。

黄芪 huangqi

黄芪，又名黄耆、百本，为豆科植物黄芪或内蒙古黄芪的干燥根。主产于山西、内蒙古、黑龙江等地，秋季采挖。分为白皮芪、黑皮芪和红芪三种。

营养价值

黄芪含有皂苷、黄酮、糖、氨基酸和微量元素及香豆素、叶酸、苦味素、胆碱、甜菜碱、棕榈酸、亚油酸、蛋白质、亚麻酸、有机酸等营养成分，其中微量元素包括铁、锰、锌、铷、硒、钴、铜、钼等。

膳食价值

黄芪有增强机体免疫功能、保肝、利尿、抗衰老、抗应激、降压和抗菌的作用。能消除肾炎蛋白尿，增强心肌收缩力，调节血糖含量；也能扩张冠状动脉，改善心肌供血，延缓细胞衰老的进程。黄芪还含有多种对性有益的功能因子，能补肾壮阳。

食用方法

清朝民间流传“常喝黄芪汤，防病保健康”的顺口溜，意思是说经常用黄芪煎汤或用黄芪泡水饮，具有良好的防病保健作用。黄芪食用方便，可煎汤、煎膏、浸酒、入菜肴，可单独食用，也可加入其他食物内食用。

购存技巧

黄芪以味甜、肥壮丰满、皱纹少、断面色黄白、粉性足为佳。

应贮存于干燥通风处，温度30℃以下。黄芪吸潮易生霉、虫蛀。贮藏期间，应定期检查，发现轻度霉变、虫蛀，及时摊散、晾晒，严重时可用磷化铝、溴甲烷熏杀蛀虫。

黄芪人参粥

材料

黄芪…………………… 30克
人参…………………… 10克
粳米…………………… 90克
糖……………………… 适量

制作过程

1. 黄芪洗净，人参洗净切片。
2. 将黄芪和人参入锅煮沸，煮出浓汁后将汁取出；再在人参、黄芪中加入冷水如上法再煎，并取汁。
3. 将上述药汁合并后分成两份，早晚各用一份，同粳米加水煮粥，粥煮熟后加糖食用。

注意事项

黄芪、人参用清水冲洗干净即可；不宜浸泡，以免营养流失。

宜忌

黄芪能固表，可帮助身体关闭大门，不让病邪入侵。可是生病的时候吃黄芪，就会把病邪关在体内，无从排泄，因此感冒、经期期间不要吃黄芪。

冬虫夏草 dongchongxiacao

冬虫夏草又称虫草，主产于青藏高原，为麦角菌科植物冬虫夏草菌的子座及其寄生虫蝙蝠科昆虫虫草蝙蝠蛾等的幼虫尸体的复合体。冬虫夏草是虫和草结合在一起长的一种奇特东西，冬天是虫子，夏天从虫子里长出草来。

营养价值

冬虫夏草含有虫草酸、蛋白质、脂肪，其中 82.2% 为人体不能合成而又必需的不饱和脂肪酸，还含有碳水化合物、游离氨基酸。此外，还含有维生素 B_{12}、麦角脂醇、六碳糖醇、生物碱等营养成分。

膳食价值

冬虫夏草性平，味甘，具有补肺肾、止咳嗽、益虚损、养精气、养肺阴、补肾阳、止咳化痰的功效。男女老少都能吃，是适合人群最广的补品。而且药性温和，有人参之益而无人参之害，可用于肺痨咳血、阳痿、遗精等症。

食用方法

冬虫夏草的吃法有很多，常见的如泡水、煲汤、煮粥、磨粉、泡酒。如果是病人用，建议泡水和煎水服用，保健用量一天在 2 克以内，治病用量一天为 2 ~ 5 克。清洗时可先用干净牙刷稍微刷净后，再以清水洗净即可。

购存技巧

冬虫夏草以色泽黄亮、丰满肥大、断面黄白色、子座短小、有草菇香气者为佳。

冬虫夏草的储藏要点是防潮、防蛀和防虫。须放在阴凉干燥的地方，或将其与花椒或丹皮一同放在密闭的玻璃瓶中，置冰箱中冷藏。如果量大或者需要放置较长时间，最好放冬虫夏草的地方放一些硅胶之类的干燥剂。

虫草
枸杞炖水鸭

材料

黄水鸭…………………………1只
山药……………………………5克
枸杞子…………………………5克
猪小肘………………………500克
冬虫夏草………………………10克
沙参、生姜、葱…………各5克
清水…………………………适量
盐………………………………5克

制作过程

1. 水鸭宰杀洗净切件，冬虫夏草洗净，猪小肘洗净切块，生姜去皮洗净切片，葱洗净切段，枸杞子、山药、沙参洗净。
2. 烧锅下水，待水开时放入水鸭、猪小肘，用中火氽去血渍，捞起洗净。
3. 在炖盅内放入水鸭、猪小肘、冬虫夏草、生姜片、葱段、枸杞子、山药、沙参，注入清水，炖2.5小时后调入盐，去掉葱段即可食用。

注意事项

水鸭血渍要煮净，以免炖出的汤不清香。调味时要注意口味适中。如果是夏天，可以用水鸭肉加入绿豆、西洋参等配料煲出既营养又消暑的好汤。

宜忌

有阴虚火旺、湿热内盛、实火或邪胜、外感咳嗽、急性咳嗽并有发热症状的患者不要吃冬虫夏草。冬虫夏草的营养价值太高，身体健康的儿童不宜多吃；否则会改变儿童的正常分泌，破坏内环境，造成身心发育不同步。

杜仲 duzhong

杜仲又名思仙、思仲、木棉等，为杜仲科植物杜仲的皮，主产于四川、云南、广西等地，是中国名贵滋补药材。

营养价值

杜仲含有杜仲胶、糖甙、生物碱、果胶、脂肪、树脂、有机酸、酮糖、维生素 C、维生素 E、醛糖、绿原酸、咖啡酸、山柰酸、半乳糖醇、熊果酸、香草酸等，并含精氨酸、谷氨酸等 17 种氨基酸。此外，还含硒、锌等 15 种微量元素。

膳食价值

杜仲性温，味甘，具有补肝肾、壮腰膝、强筋骨的功效，对免疫系统、内分泌系统、中枢神经系统、循环系统和泌尿系统都有不同程度的调节作用，并能增强肾上腺皮质功能，可治腰脊酸疼、足膝痿弱、便频、阳痿、遗精、阴下湿痒、肾气不固、高血压等症。

食用方法

杜仲可以用来泡茶、泡酒，或在烹饪时作为辅料添加于菜品中；如与核桃仁、金狗脊、萆薢、牛大力、千斤拔等配伍，可治疗腰膝酸痛、足膝痿软无力等症。

购存技巧

杜仲以皮厚而大，粗皮刮净，内表面暗紫色，断面银白橡胶丝多而长者为佳。贮藏杜仲时应置于通风干燥处，以预防潮湿发霉。

杜仲银耳羹

材料

杜仲、银耳………… 各 20 克
灵芝……………………… 10 克
冰糖……………………… 适量

制作过程

1. 用适量清水煎炙杜仲和灵芝，先后煎 3 次，将所得药汁全部混合，熬至 1000 毫升左右。
2. 银耳用冷水泡发，去除杂质、蒂头，加清水置小火上熬至微黄色。
3. 将杜仲灵芝汁和银耳倒在一起，以小火熬至银耳酥烂成胶状，再加入冰糖水，调匀即成。

注意事项

品质新鲜的银耳，应无酸、臭等异味。存放时间较长的银耳，不仅色泽变黄，而且有酸气或其他异味。银耳若有霉味，说明已经受潮而发霉变质。轻度发霉的银耳经晾晒并除去发霉部分，可食用。严重发霉变质的，不宜食用。

宜忌

阴虚火旺如口干舌燥、身体烦热、夜间盗汗者忌食杜仲。另外，肾虚火炽者也不宜食用此羹。杜仲泡茶时切忌洗茶，因为头泡茶水有效成分最高。

鸡肉 jirou

鸡又称家鸡、烛夜，为雉科动物，是人类饲养最普遍的家禽。家鸡源于野生的原鸡，其驯化历史至少4000年。鸡肉质细嫩，滋味鲜美，富有营养，是人们极其喜欢吃的一种肉类。

营养价值

据测定，100克鸡肉含有蛋白质21.5克、脂肪2.5克、糖0.7克、钙11毫克、磷190毫克、铁1.5毫克、维生素B_1 0.03毫克、维生素B_2 0.09毫克、烟酸8.0毫克，另外还含有维生素A、维生素C、灰分等营养成分。

膳食价值

鸡肉味甘，性微温，有温中补脾、益气养血、补肾益精等功效，适用于虚损羸瘦、病后体弱乏力、脾胃虚弱、食少反胃、腹泻、气血不足、头晕心悸、小便频数、遗精、耳鸣耳聋和脾虚水肿等症。

食用方法

鸡肉烹调简单方便，方法繁多，可炒、煮、炖、烧、蒸、烤、拌、焖、煎，也可白切，各种吃法独具风味。

购存技巧

购买时要注意观察鸡肉的外观、颜色以及质感。新鲜的鸡肉白里透着红，看起来有亮度，手感比较光滑。如果鸡肉注过水，皮上会有红色针点，针眼周围呈乌黑色，用手摸会感觉表面高低不平，似乎长有肿块一样。

可把宰杀好的光鸡擦去表面水分，用保鲜膜包裹后放入冰箱冷冻保鲜。

葱头油淋鸡

材料

童子鸡……………………………… 1只

鲜露、姜、木鱼精、葱头、鸡粉

……………………………… 各适量

注意事项

烹调此菜时，鸡要嫩，表皮要完整，不宜过肥。蒸鸡的时间要控制好，不能生也不能过火。

制作过程

1. 将鸡宰杀洗净，吸干水分，用鸡粉均匀地把鸡的内外擦抹入味，置于蒸锅内隔水蒸熟。
2. 待凉后切块入盘。
3. 将葱头洗净切片，姜洗净切丝，泡油淋于鸡上，再倒入鲜露、鸡粉、木鱼精调成的汁即可。

宜忌

鸡肉多食容易生热动风，因此不宜过量食用。外感发热、热毒未清或内热亢盛、黄疸、痢疾、疳积、疟疾、肝火旺盛或肝阳上亢所致的头痛、头晕、目赤、烦躁、便秘等患者不宜食用鸡肉。

核桃 hetao

核桃又称胡桃、羌桃，外果皮平滑，内果皮坚硬，有皱纹，与扁桃、腰果、榛子并称为世界著名的“四大干果”。核桃的故乡是亚洲西部的伊朗，汉代张骞出使西域后带回中国。

营养价值

核桃中 86% 的脂肪是不饱和脂肪酸，核桃富含铜、镁、钾、叶酸和维生素 B_1、维生素 B_6，也含有纤维素、磷、烟酸、铁、维生素 B_2、泛酸、蛋白质、脂肪和碳水化合物。

膳食价值

核桃味甘，性温。入肺、肝、肾三经，具有补肾助阳、补肺敛肺、固精强腰、润肠通便的功效。有“万岁子”“长寿果”“养生之宝”的美誉。适用于肾虚腰痛、两脚痿弱、小便频数、遗精、阳痿、肺气虚弱或肺肾两虚、喘咳短气、肠燥便秘、大便干涩、石淋等症。

食用方法

核桃果仁既可以生食、炒食、煮食，也可以榨油、入药及配制糕点、糖果等，不仅味美，而且营养价值很高。秋冬季是吃核桃的最佳时节。

购存技巧

核桃以个头均匀、缝合线紧密、外壳白洁、有重量、无异味的为佳。

贮藏核桃的地方必须阴凉、干燥和通风、背光，温度最好是 5℃左右、湿度在 50% ~ 60%。

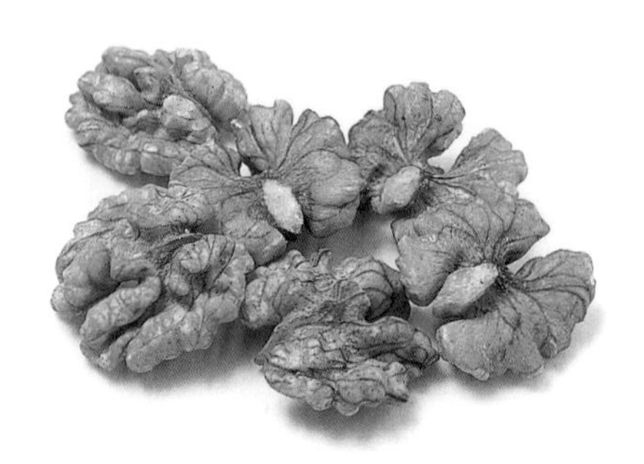

核桃仁牛肉

材料

牛肉………………………………200 克
核桃仁………………………………50 克
食用油………………………………30 毫升
红辣椒、青辣椒、葱、淀粉、味精、香油、酱油、糖、盐…………………… 各适量

注意事项

可先把核桃仁炸透，等牛肉快出锅时再加入，这样烹制出的核桃仁更酥脆，口感更好。牛肉要横着肉的纹理切，也就是说，刀和肉的纹理呈 90 度。

制作过程

1. 牛肉洗净切片，核桃仁洗净去皮，葱、青红辣椒洗净切段。
2. 把食用油倒入炒锅内烧热，放入葱爆香，再把核桃仁、牛肉、青红辣椒下锅煸炒，烹入酱油，加糖、盐、水、味精，烧入味后用水淀粉勾芡，淋入香油即可。

宜忌

痰火喘咳、阴虚火旺、便溏腹泻的病人不宜食核桃仁。核桃仁不能与野鸡肉、鸭肉同食。核桃仁含有较多脂肪，多食会影响消化。为保存营养，食用核桃仁时不宜剥掉表面的褐色薄皮。

巴戟天 bajitian

巴戟天又名巴戟、鸡肠风，属深根性植物，以根供药用。生长于海拔 300 米以下山坡灌丛或疏林边，主产于广东、海南、广西等地。

营养价值

巴戟天的成分非常复杂，根皮含有还原糖、维生素C、甙、强心甙、黄酮、甾体三萜、氨基酸、有机酸及多种微量元素。

膳食价值

巴戟天具有补肾阳、益精血、强筋骨、祛风湿的功效，用于阳痿、遗精、宫冷不孕、月经不调、小腹冷痛、风湿痹痛、筋骨痿软，也可以治疗肝肾不足引起的腰膝疼痛等。

食用方法

巴戟天的吃法有很多，可煎汤，或入丸、入散、浸酒、熬膏，也可以作为药膳食材与其他食物一起烹调食用。

购存技巧

巴戟天呈扁圆柱形，略弯曲，长度不等，直径 1 ~ 2 厘米，表面灰黄色、粗糙，有纵纹，质坚韧，断面不平坦，味甘，微涩。巴戟天以条粗、连珠状、肉厚、色紫者为佳。

巴戟天易虫蛀。受潮后颜色加深，质体返软，断面溢出油样物，散发特殊气味，有的会出现霉斑。应贮存于通风干燥处，温度 30℃以下，相对湿度 70% ~ 75%。

猪腰杜仲巴戟汤

材料

猪腰…………………… 120 克
杜仲……………………… 5 克
巴戟天………………… 10 克
鸡爪…………………… 100 克
猪展（猪小腿肉）…… 150 克
红枣…………………… 10 克
枸杞子………………… 3 克
姜、葱、盐、鸡精…… 各适量

制作过程

1. 先将猪腰去筋洗净后切件，猪展斩件，巴戟天、杜仲洗净。
2. 锅内水烧开后，放入猪展、猪腰、鸡爪汆去血渍，倒出洗净。
3. 将杜仲、巴戟天、猪展、猪腰、鸡爪、红枣、枸杞子、姜、葱放入炖盅内，加清水炖 2 小时后调入盐、鸡精即可食用。

注意事项

吃猪腰时，一定要将肾上腺割除干净。在清洗猪腰时，可以看到白色纤维膜内有一个浅褐色腺体，那就是肾上腺。

宜忌

孕妇吃猪腰要当心，如果孕妇误食了肾上腺，其中的皮质激素会使孕妇体内血钠增高，排水减少，从而诱发妊娠水肿。

金樱子 jinyingzi

金樱子别名金罂子、山石榴、山鸡头子等，为蔷薇科植物，生长于海拔 100 至 1600 米的向阳山野、田边、溪畔灌丛中，产于河南、河北及湖南。其果实可入药，根皮可提制栲胶，根茎经济价值高。

营养价值

金樱子果实风味独特，有蜂蜜和幽香味，营养极丰富，内含糖(主要是果糖等还原糖)、柠檬酸、苹果酸、鞣质、维生素、氨基酸、锌、硒及树脂、皂甙等成分，尤以维生素 C 和还原糖含量较高。

膳食价值

金樱子味酸涩，性平，归脾、肾、大肠、膀胱经，具有固精缩尿、敛肺涩肠、固崩止带的功效，主治遗精白浊、尿频、遗尿、咳喘自汗、泻痢脱肛、崩漏带下、子宫脱垂等症。

食用方法

金樱子可煎汤、熬膏、泡酒，或入丸、入散，也可以和其他药材或食物搭配制成佳肴来食用。

购存技巧

金樱子以个大、色红黄、有光泽、去净毛刺者为佳。贮存时应将金樱子置于通风干燥处，并注意防虫蛀。

金樱子杜仲煲猪尾

材料

金樱子………………………… 25 克
杜仲……………………………… 30 克
猪尾……………………………… 2 条
盐………………………………… 适量

制作过程

1. 将猪尾刮去猪毛，洗净，斩件。金樱子、杜仲洗净。
2. 猪尾、金樱子、杜仲一起放入沙锅，加适量清水煲汤。
3. 待猪尾熟，再加适量盐调味即可。

注意事项

猪尾多毛，煲汤前需用刮刀或镊子将猪毛仔细清除干净。汤中加些姜片或葱，可去除猪尾的腥味，使汤的味道更鲜美可口。

宜忌

感冒发热、糖尿病、便秘、实火邪热、中寒有痞、泄泻、小便不禁及精气滑脱等患者不宜食用此汤。金樱子不宜和黄瓜、猪肝同食。

淡菜 dancai

淡菜正名为贻贝，又叫红蛤、壳菜等，是生活在浅海岩石上的一种软体蚌类的干品。由于捕获后不鲜吃，而是不加盐直接晾干，所以称为淡菜。其肉红紫色，味道鲜美。

营养价值

淡菜营养丰富，富含蛋白质、脂肪、碳水化合物、钙、磷、铁及多种维生素和微量元素。此外，它还含有多种人体必需的氨基酸，所含的脂肪主要是不饱和脂肪酸。

膳食价值

淡菜是补虚益精、温肾散寒的佳品，对久病精血耗伤、羸弱倦怠、眩晕健忘等症很有疗效。常食淡菜还可治疗阳痿、早泄、肾虚和妇女崩漏等症。中医认为，淡菜可去胸中烦热，降丹石毒。

食用方法

食用前应将淡菜干放入碗中，加入热水烫至发松回软，捞出摘去淡菜中心带毛的黑色肠胃，洗去沙粒，在清水内洗净，然后放入锅中，加入清水，用小火炖烂供食用。淡菜还可与其他食材一起煮汤，味道鲜美。

购存技巧

在选购淡菜时，以个头不大不小、呈深黄色的为佳。

贮存时应置于通风、阴凉干燥处，以防潮防霉。

淡菜瘦肉煲乌鸡

材料

乌鸡……………………300 克
猪瘦肉…………………100 克
淡菜……………………20 克
枸杞子……………………5 克
姜………………………10 克
葱………………………10 克
盐……………………… 适量

制作过程

1. 乌鸡宰杀洗净斩块，猪瘦肉洗净切块，淡菜洗净，姜洗净去皮，葱洗净切段。
2. 锅内水烧开后，入乌鸡肉、猪瘦肉，用中火汆去血渍，捞起待用。
3. 取瓦煲，加入乌鸡肉、猪瘦肉、淡菜、枸杞子、姜、葱，注入适量水，用小火煲约 2 小时，然后调入盐即可。

注意事项

制作此汤时淡菜要冷水下锅，煮到水开，撇去浮沫，同时盛汤时动作要轻，不要盛入汤底杂物，这样才会汤清口感好。

宜忌

乌鸡虽是补益佳品，但多食会生痰助火，生热动风。邪气亢盛、邪毒未清和严重皮肤疾病患者忌食此汤。

海马 haima

海马是一种小型的海洋动物，因为它头像马，所以称为海马。属鱼纲海龙科。通常生活在沿海海藻丛生或岸礁多的海域，或附着漂浮物随波逐流，可用背鳍摆动直立游动，以小型甲壳类为食物。

营养价值

海马富含蛋白质、脂肪、碳水化合物、磷、锌、锰、铁、钡、硒、维生素 D 及多种氨基酸等营养成分。

膳食价值

海马的药用价值很高，《本草纲目》称海马有暖水脏、壮阳道、治疗疮肿毒的功效，对神经系统的某些疾病更有显著疗效，可用于肾虚阳痿、精少、腰膝酸软、尿频、肾气虚、喘息短气等症。

食用方法

海马除了用于制造各种合成药品外，还可以烘干研成粉末泡酒喝，也可配以当归、北芪、党参或其他食材炖汤食用。

购存技巧

选购时要选棱角分明、刺手、干身的海马。同时要注意海马的色泽，自然即可，避免挑选较白的海马。

海马本身属于干制品，放置于通风干燥处保存即可。

海马党参煲猪展

材料

海马……………………………… 5 克
党参…………………………… 10 克
猪展（猪小腿肉）……………… 500 克
鸡爪…………………………… 100 克
枸杞子………………………… 10 克
姜、葱、盐、鸡精……………… 各适量

制作过程

1. 鸡爪斩件，猪展切粒，海马、党参、枸杞子用清水泡洗干净。
2. 锅内烧水至水开后，放入猪展、鸡爪汆去血渍，捞出洗净。
3. 将猪展、鸡爪、海马、枸杞子、党参、姜、葱放入炖盅，加入清水，慢火炖 2.5 小时，调入盐、鸡精即可食用。

注意事项

挑选党参时，要注意根条肥大粗壮、肉质柔润、香气浓、甜味重、嚼之无渣的为佳。

宜忌

孕妇及阴虚火旺者忌服。

鹿茸 lurong

鹿茸是名贵药材，是指梅花鹿或马鹿的雄鹿未骨化而带茸毛的幼角。雄梅花鹿、马鹿在生下后8～10个月时，额部开始突起，形成长茸基础，2足岁以后鹿茸分开。鹿茸以长了3～6年的为佳。

营养价值

鹿茸含有磷脂、糖脂、胶脂、激素、脂肪酸、氨基酸、蛋白质、钙、磷、镁、钠等成分，其中氨基酸成分占总成分的一半以上。

膳食价值

鹿茸味甘微咸，性温，具有补肾、壮阳、益精血、强筋骨的功效，可治肾阳虚所致的疲乏无力、精神萎靡、肢凉怕冷、阳痿、滑精、小便失禁、大便溏稀、腰背酸痛、心悸头昏等。

食用方法

鹿茸可单独食用，也可在其他方剂中配合同服，如与人参、莲子、巴戟、枸杞子等配伍制成养生丸，还可与其他食材炖汤食用。

购存技巧

原只鹿茸以茸体饱满、挺圆、质嫩、毛细、皮色红棕、体轻、底部无棱角的为佳。鹿茸片以毛孔嫩细、红色小片为佳。

贮存时要把鹿茸放在通风干燥的地方，并用布包些花椒放在鹿茸旁边，以防虫蛀。

鹿茸鸡汤

材料

鹿茸……………………10 克
红枣……………………10 克
枸杞子…………………3 克
老姜……………………5 克
猪脊骨…………………250 克
猪小肘…………………250 克
老鸡……………………半只
盐………………………适量

制作过程

1. 将猪脊骨、猪小肘、老鸡洗净斩件。鹿茸、红枣、老姜、枸杞子洗净。
2. 用瓦煲烧水至开后，放入猪脊骨、猪小肘、老鸡汆去表面血渍，倒出洗净。
3. 用瓦煲装清水，大火煲开后，放入猪脊骨、猪小肘、老鸡肉、鹿茸、红枣、枸杞子、老姜煲2小时后调入盐即可。

注意事项

中药不宜放在冰箱里。因为药材放入冰箱内，和其他食物混放时间过长，不但各种细菌容易侵入药材内，而且药材容易受潮，会破坏药材的药性和成分。

宜忌

服用鹿茸宜从小量开始，缓缓增加，不宜骤然大量食用，以免阳升风动，或伤阴动血。低热、盗汗、手足心发热、口燥咽干、两颧潮红的阴虚体质者，以及高血压、冠心病、肝肾疾病、发热性疾病、出血性疾病的患者均不宜服用鹿茸。

莲子 lianzi

莲子是睡莲科水生草本植物荷花的种子，又称莲实、莲肉等。我国大部分地区均有出产，而以江西广昌、福建建宁产的莲子最佳。莲子表面浅黄棕色或红棕色，有细纵纹和较宽的脉纹，一端中心呈乳头状突起，深棕色，多有裂口，其周边略下陷，质硬。

营养价值

莲子的营养价值较高，含有丰富的淀粉、棉子糖、蛋白质、脂肪、碳水化合物、钙、磷、铁，也含有 β－谷甾醇、β－谷甾醇脂肪酸酯，还含丰富的维生素 C、葡萄糖、叶绿素、棕榈酸等。

膳食价值

莲子味甘，性微凉，具有补脾、益肺、养心、益肾和固肠等作用，适用于心悸、失眠、体虚、遗精、白带过多、腹胀等症。

食用方法

莲子自古以来就是公认的老少皆宜的鲜美滋补佳品。其吃法很多，可用来配菜、做羹、炖汤、制饯、做糕点等，多与其他食、药材搭配烹调食用。

购存技巧

莲子以个大、饱满、无皱为佳。

莲子最忌受潮受热，受潮容易虫蛀，因此，莲子应存于干爽处。莲子一旦受潮生虫，应立即晾晒，并摊晾待热气散尽后再贮藏。

枸杞莲子汤

材料

莲子………………………… 15 克
枸杞子……………………… 25 克
糖…………………………… 适量

制作过程

1. 将莲子用温水泡软后剥去外皮，去莲心，再用温水洗两遍；枸杞子用冷水淘洗干净待用。
2. 锅里注入适量清水，放入莲子、糖煮沸。
3. 10 分钟后，放入枸杞子，再煮 10 分钟即可。

注意事项

莲子作为保健药膳食疗时，一般是不弃莲子芯的。莲子芯是莲子中央的青绿色胚芽，味苦，有清热、固精、安神、强心之功效。

宜忌

便溏、中满痞胀、大便燥结者及产后不宜吃莲子。莲子不能与牛奶同食，否则会引发便秘。

芡实 qianshi

芡实，又叫鸡头、鸡头米、鸡头莲，为睡莲科植物芡实的种仁。芡实五六月开花，七八月成熟，九月结果，分布于我国大部分地区。芡实可食用，也可作药用，被称为“婴儿食之不老，老人食之延年”的上佳食物。

营养价值

芡实含有大量对人体有益的营养素，如蛋白质、钙、磷、铁、脂肪、碳水化合物、维生素 B_1、维生素 B_2、维生素C、膳食纤维、胡萝卜素等。

膳食价值

芡实的收敛之性，可以改善生殖系统的循环状况，改善男性精子稀少的症状，并能调理女性体质虚弱、白带过多、冷感等症。此外，对于成人小便失禁、尿频、久泻不止也有疗效。长期食用芡实，还能使脸色红润，美化肌肤，防老抗衰。

食用方法

芡实可与莲子肉、山药、白扁豆等食物共同烹制食用。芡实多用于熬粥或制作汤羹食用，也可泡茶，碾磨成粉制成糊食用。

购存技巧

芡实以无霉味、无酸臭味、无硫磺味、籽粒饱满均匀、无病斑、无破损、新鲜成熟的为佳。

贮存时应将其放在有盖容器中密封，置于通风干燥的地方。

四宝煲老鸽

材料

绿豆……………………100克
芡实……………………50克
莲子……………………50克
花生……………………50克
老鸽……………………1只
猪脊骨…………………600克
姜………………………10克
猪瘦肉…………………100克
盐、鸡粉………………各适量

制作过程

1. 将老鸽宰杀剖开洗净，猪脊骨、猪瘦肉洗净斩件，姜、莲子、绿豆、芡实、花生洗净。
2. 沙锅烧水至沸，将猪脊骨、老鸽、猪瘦肉汆去血渍，捞出冲净。
3. 沙锅放入莲子、绿豆、花生、芡实、老鸽、猪脊骨、猪瘦肉、姜，加入清水适量，煲2小时后调入盐、鸡粉即可。

注意事项

在洗芡实时，应弃掉浮上来的品质欠佳成分。芡实宜用小火慢炖至烂熟后再食用，这样更有利于充分吸收营养成分。

宜忌

芡实性涩滞气，忌一次食用过多，否则难以消化。大便干结、腹胀、便秘、尿赤者及妇女产后不宜食芡实。

羊肉 yangrou

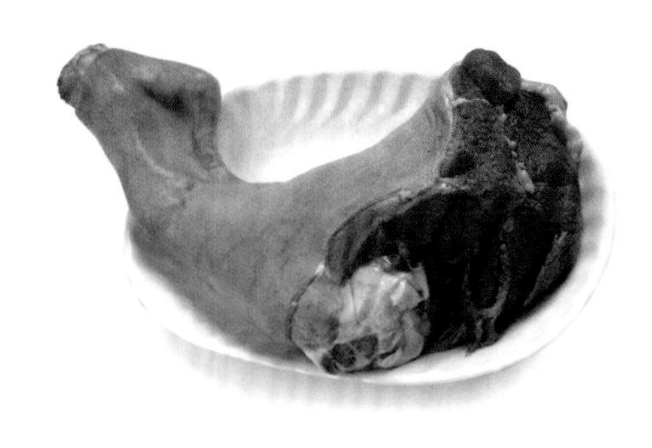

羊肉是我国人们常食的主要肉类之一。其肉质细嫩，脂肪及胆固醇的含量都比猪肉和牛肉低，历来被人们当做冬季进补的佳品。羊肉有山羊肉、绵羊肉、野羊肉之分。

营养价值

羊肉含有蛋白质、脂肪、碳水化合物、维生素 A、维生素 B_1、维生素 B_2、维生素 C、烟酸、磷、铁、钙等成分。

膳食价值

羊肉味甘而不腻，性温而不燥，具有补肾壮阳、暖中祛寒、温补气血、开胃健脾的功效。对肾虚腰疼、阳痿精衰、气管炎、哮喘、贫血、腹部冷痛、体虚畏寒、腰膝酸软、早泄等有很大裨益，男士适合经常食用。

食用方法

羊肉的吃法很多，可爆、炒、烤、烧、酱、涮、煮等，可单独烹制，也可以配伍其他食材和中药一起烹调食用。

购存技巧

选购羊肉时要闻味道，看肉色、肉壁厚度和肥膘。凡是羊膻味浓、肉色鲜红、肉壁厚度在 4 ~ 5 厘米左右、肥瘦肉兼有的羊肉即为上佳羊肉。

羊肉最好在 1 ~ 2 天内食完。如果需要长时间保存，可把羊肉剔去筋膜，用保鲜膜包裹后，再用一层报纸和一层毛巾包好，放入冰箱冷冻保存，可保存 1 个月不变质。

当归生姜羊肉汤

材料

当归……………………………… 10克
生姜……………………………… 10克
猪脊骨………………………… 100克
猪小肘………………………… 150克
羊肉…………………………… 150克
枸杞子………………………… 10克
红枣……………………………… 10克
盐、葱……………………… 各适量

制作过程

1. 将羊肉、猪小肘、猪脊骨洗净斩件。当归、红枣、枸杞子洗净。
2. 用瓦煲烧水至开时，放入猪脊骨、猪小肘、羊肉汆去表面血渍，倒出洗净。
3. 用瓦煲装入清水，煲开后，放入猪脊骨、猪小肘、羊肉、当归、生姜、枸杞子、红枣，煲2小时后加入葱、盐即可。

注意事项

煮制羊肉时放山楂或萝卜、绿豆、葱、生姜、孜然等佐料可去膻味。夏秋季节气候燥热，不宜吃羊肉。羊肉中有很多膜，切肉之前应先将其剔除，否则炒熟后肉膜硬，吃起来难以下咽。

宜忌

反复加热或冻藏加温、未摘除甲状腺、烧焦、未熟的羊肉不宜食用。心脏病、内热、腹泻的患者不宜食用此汤。服中药方中有半夏、石菖蒲或服用泻下药峻泻后的人也不宜食用此汤。

小米 xiaomi

小米也称作粟米，是谷子去皮后的产物。因其粒小，直径约 1.5 毫米左右，因此得名。谷子是谷类植物，禾木本的一种，原产于中国北方黄河流域，后发展到各地都有不同程度种植。小米有白、红、黄、黑、橙、紫各种颜色，可用来酿酒，最主要是用来熬粥。

营养价值

小米的蛋白质含量比大米高，其蛋白质有谷蛋白、醇蛋白、球蛋白等多种。其脂肪、碳水化合物的含量都不低于稻、麦。一般粮食中不含有的胡萝卜素，小米每 100 克含量达 0.12 毫克，维生素 B_1 的含量位居所有粮食之首。

膳食价值

小米味甘、咸，性凉；入肾、脾、胃经；具有健脾和胃、补益虚损，和中益肾、除热解毒的功效；主治脾胃虚热、反胃呕吐、消渴、泄泻。

食用方法

小米可蒸饭、煮粥，磨成粉后可单独或与其他面粉掺和制做饼、窝头、丝糕、发糕等。糯性小米也可酿酒、酿醋、制糖等。

购存技巧

优质小米的米粒大小、颜色均匀，呈乳白色、黄色或金黄色，富有光泽，很少有碎米，无虫，无杂质，闻起来具有清香味，无其他异味。

保存小米的方法，通常是将小米放在阴凉、干燥、通风较好的地方。如果购买的新小米水分较大，不能暴晒，可阴干后再保存。另外，小米易遭蛾类幼虫等危害，在盛放小米的容器内放一袋花椒即可。

小米鱼肉粥

材料

草鱼肉…………………… 100 克
小米…………………… 30 克
大米、盐……………… 各适量

制作过程

1. 大米淘洗净，用清水浸 1 小时。
2. 将大米下锅加水大火煲开，后用小火煲至稀糊。
3. 将小米倒进粥里，拌匀，煲片刻；鱼蒸熟，去骨取肉加入粥内，加适量盐调味。

注意事项

小米粥不宜太稀薄；淘米时不要用手搓，忌长时间浸泡或用热水淘米。

宜忌

气滞者忌用；素体虚寒，小便清长者少食。

桂圆 guiyuan

桂圆为无患子科植物龙眼树的果实。龙眼树原产于我国南部和西南部，龙眼指的是鲜果，龙眼带壳带核晒干后叫龙眼干，如果去壳去核，只留果肉，晒干后就叫桂圆。

营养价值

桂圆是果中珍品，含有多种维生素、酒石酸、灰分、矿物质、蛋白质、脂肪和果糖及多种微量元素等营养成分。

膳食价值

桂圆对人体有滋阴补肾、壮阳益气、养血安神、润肤美容、润肺、开胃益脾的功效，可治疗贫血萎黄、神经衰弱、产后血亏、虚劳羸弱、失眠、健忘、惊悸、怔忡、心虚、头晕等疾。

食用方法

桂圆可加工制成龙眼膏、罐头、酒、酱，也可泡茶、煮粥，还可与其他食材、中药一起煲汤、入菜，既美味可口，又营养益体。

购存技巧

桂圆以肉厚片大、色棕黄、甘味浓、干燥洁净者为佳。

贮存时宜将桂圆放入密封性能好的保鲜盒或保鲜袋里，置于通风处或冰箱内保存。

桂圆牛肉汤

材料

牛里脊肉……………………… 250 克
桂圆肉………………………… 25 克
黄芪…………………………… 10 克
豆苗、料酒、盐……………… 各适量

注意事项

牛肉可选择略带筋部分，口感会更好。桂圆、牛肉均不可久煮，否则味道欠佳。

制作过程

1. 牛里脊肉洗净切成薄片，用水煮汤。
2. 煮沸后去泡沫和浮油，放入黄芪和桂圆肉，煮至水减半即可。
3. 再用料酒和盐调味，加入豆苗即可。

宜忌

桂圆属湿热食物，多食易滞气。上火、发炎症、内有痰火、阴虚火旺、湿滞停饮、舌苔厚腻、气壅胀满、肠滑便泻、风寒感冒、消化不良、糖尿病、盆腔炎、尿道炎、月经过多等患者不宜食用此汤。

山药 shanyao

山药又名薯蓣，在河北等地又称为麻山药。为多年生草本植物。茎蔓生，常带紫色；块根圆柱形；叶子对生，卵形或椭圆形；花乳白色，雌雄异株。块根含淀粉和蛋白质，可以食用。

营养价值

我国食用山药已有3000多年的历史。山药含有丰富的淀粉、蛋白质、胆碱、粘液质、皂甙、游离氨基酸、多酚氧化酶及多种微量元素，尤以钾的含量较高。

膳食价值

山药具有健脾补肺、益胃补肾、固肾益精、聪耳明目、助五脏、强筋骨、延年益寿的功效，用于脾胃虚弱、饮食减少、便溏腹泻、妇女脾虚带下、肺虚久咳咽干、肾虚遗精等症。

食用方法

新鲜山药是一种日常食物，可煎汤、煮食、煲粥、入菜。而干山药可作中药用，可与其他食材烹制成药膳，也可作丸、入散等。

购存技巧

选购山药时以较重、须毛多、横切面肉质呈雪白色的为好。

山药保存放置在通风、阴凉处即可。若有切口，可用米酒泡一泡，然后吹干，再用餐巾纸包好，外围包几层报纸，放在阴凉处。

山药香菇鸡

材料

山药…………………… 300 克
鸡腿…………………… 500 克
胡萝卜、香菇………各 100 克
料酒…………………… 10 毫升
酱油…………………… 15 毫升
盐、糖………………… 各适量

制作过程

1. 新鲜山药洗净，去皮，切厚片；胡萝卜洗净去皮，切厚片；香菇泡软，去蒂洗净；鸡腿洗净，剁小块，汆烫，除去血渍后冲净。
2. 将鸡腿肉放入锅内，加入所有调味料和清水适量，并放入香菇大火煮至沸腾，改小火，10 分钟后加入胡萝卜。
3. 放入山药煮熟，约 10 分钟后即可盛出。

注意事项

山药皮所含的皂角素或黏液里含的植物碱，有些人接触会引起皮肤过敏而发痒，所以处理山药时应避免直接接触。山药切片后需立即浸泡在盐水中，以防止氧化发黑。

宜忌

山药不要生吃，因为生的山药里有毒素。山药也不可与碱性药物同服。感冒、大便燥结及肠胃积滞的患者忌食此菜。

黑芝麻 heizhima

黑芝麻又名胡麻、油麻等；为胡麻科脂麻的黑色种子，卵形，两侧扁平，黑色；可以做成各种美味的食品，营养价值十分丰富。

营养价值

黑芝麻含有大量的脂肪和蛋白质，还含有糖类、维生素 A、维生素 E、卵磷脂、钙、铁、铬等营养成分，其中含有的脂肪大多为不饱和脂肪酸。

膳食价值

黑芝麻药食两用，具有补肝肾、降血压、乌发润发、养颜润肤、滋五脏、益精血、润肠燥等功效，可用于治疗眩晕、须发早白、脱发、腰膝酸软、四肢乏力、五脏虚损、皮燥发枯、肠燥便秘等症。

食用方法

黑芝麻食法非常多，可煮粥、炖汤、制糊、入菜，也可作为点心馅，还可磨碎成粉冲蜂蜜、牛奶喝。

购存技巧

挑选黑芝麻时以粒大、饱满、色黑、表面平滑、有光泽的为佳。

黑芝麻应装入瓶中密封，放在阴凉干燥处贮存。

芝麻粥

材料

黑芝麻…………………… 30 克
粳米……………………… 100 克
白糖……………………… 适量

制作过程

1. 将黑芝麻洗干净，沥去水分后炒熟，研碎。将粳米淘洗干净，与黑芝麻一并放入锅内。
2. 加入清水适量，先用大火煮沸，再用小火煎熬 20 ~ 30 分钟，以米熟烂为度。
3. 酌情加少量白糖调味即可。

注意事项

芝麻仁外面有一层稍硬的膜，把它碾碎才能使人体吸收到其营养，所以整粒的芝麻应加工后再食用。

宜忌

芝麻忌与鸡肉同食。慢性肠炎、便溏腹泻、阳痿、遗精等患者不宜食用此粥。

桑葚 sangshen

桑葚俗称桑果、桑枣。摘其成熟的果实食用，味甜汁多，是人们常食的水果之一。每年4～6月是桑葚丰收季节，采摘晒干或略蒸后晒干，可制成防病保健的中药材。

营养价值

桑葚含糖、蛋白质、脂肪、鞣酸、苹果酸、维生素A、维生素B_1、维生素B_2、维生素C、铁、钠、钙、镁、磷、钾、胡萝卜素和花青素。

膳食价值

桑葚性味甘寒，具有补肝益肾、生津润肠、止渴、滋补强壮、排便、乌发明目等功效，对治疗糖尿病、贫血、高血压、高血脂、冠心病、神经衰弱等病症有辅助效果。

食用方法

桑葚吃法多而方便，可生吃、泡茶、泡酒，也可以和其他食材搭配煲粥、炖汤等，还可以制成点心、饮料和蜜膏等。

购存技巧

要注意选择颗粒饱满、肉厚实、色紫红、糖分足、没有出水、坚挺的桑葚。如果颜色比较深，味道过甜，而里面比较生，这可能是经过染色的桑葚。

新鲜桑葚在冰箱存放不能超过一天。桑葚可做成果酱放入瓶中保存。

桑葚乌鸡汤

材料

桑葚…………………… 10克
党参…………………… 20克
红枣…………………… 5克
枸杞子………………… 3克
猪小肘………………… 150克
乌鸡…………………… 半只
老姜…………………… 3克
葱……………………… 3克
盐、鸡粉……………… 各适量

制作过程

1. 将猪小肘、乌鸡洗净斩件；桑葚、党参、红枣、枸杞子洗净。
2. 用锅烧水沸后，放入猪小肘、乌鸡烫去表面血渍，倒出洗净。
3. 将乌鸡、猪小肘、桑葚、党参、红枣、枸杞子、老姜、葱放入炖盅内，加入清水适量炖2小时后调入盐、鸡粉即可。

注意事项

洗桑葚时先用水冲洗桑葚表面，再将桑葚浸泡于淘米水中（可加少许盐），过一会儿用清水洗净。浸泡时间控制在15分钟左右为宜。

宜忌

体虚便溏、糖尿病等患者忌食桑葚，儿童不宜大量食用。熬桑葚时忌用铁器，因为桑葚会分解酸性物质，跟铁会产生化学反应而导致中毒。

板栗 banli

板栗俗称栗子，又名瑰栗、毛栗、风栗。是我国特产，素有“干果之王”的美誉，在国外还被称为“人参果”。板栗可代粮，与枣并称为“木本粮食”。

营养价值

板栗营养丰富，果实中含糖和淀粉高达70.1%。此外，还含有脂肪、钙、磷、铁和多种维生素，特别是维生素C、B族维生素和胡萝卜素的含量较一般干果都高。

膳食价值

板栗能养胃健脾、壮腰补肾、活血止血，因而肾虚者不妨多吃板栗。板栗与粳米一起烹煮，非常适合老年人及胃纳不佳、腰膝酸软无力、步履蹒跚者食用。

食用方法

板栗的吃法多种多样，既可生食、煮粥、糖炒，或与肉类等食物一起炖汤、做菜，还可加工成各种美味食品。

购存技巧

板栗以个大、皮呈深褐色、有光泽、无虫眼的为上品。新鲜板栗表皮附有一层薄薄的绒毛，陈板栗则表皮光滑。

将新鲜的板栗放在阴凉通风处摊开摆放，可保存一两个月。也可将新鲜板栗晒干后把壳剥掉装进保鲜袋密封，放入冰箱冷藏。

板栗焖羊肉

材料

羊肉……………………………650 克
胡萝卜…………………………50 克
板栗……………………………300 克
桂皮、料酒、味精、红辣椒、姜末、酱油、蚝油、盐、鸡粉、糖…………各适量

制作过程

1. 羊肉洗净切块，氽去血渍洗净后，沥干水分；胡萝卜洗净切块；板栗去壳洗净；红辣椒洗净切丝；桂皮洗净。
2. 先将胡萝卜一半置锅中，加入清水煮沸，把羊肉加入同煮 15 分钟，取出羊肉过冷后，沥干水分，胡萝卜弃去。
3. 坐锅点火，爆香姜末，加入羊肉炒透，下料酒，把桂皮、红辣椒、糖、酱油、蚝油放入，沸后小火焖约 1 小时。
4. 羊肉炖烂后加入另一半胡萝卜及板栗，再焖至板栗软时，加盐、鸡粉调味即可。

注意事项

用刀将板栗切成两瓣，去掉外壳后放入开水里浸泡一会儿后用筷子搅拌，板栗皮就会脱去。烹制此菜时要掌握火候，要大火煮沸，小火焖至酥烂。

宜忌

板栗生吃难消化，熟食又易滞气，所以一次不宜多食。脾胃虚弱、消化不好、糖尿病等患者不宜食用板栗。

五味子 wuweizi

五味子别名五梅子、山花椒、壮味、五味等，《新修本草》说“五味皮肉甘酸，核中辛苦，都有咸味”，故有五味子之名。五味子药用价值极高，分北五味子和南五味子，北五味子比南五味子优良。

营养价值

五味子含有蛋白质、脂肪、可溶形固性物、有机酸、果胶、胡萝卜素，还含有 17 种氨基酸，其中人体必需的 7 种氨基酸占 17.7%，含有的微量元素包括钾、钙、镁、铁、锰、锌、铜等。

膳食价值

五味子是我国名贵中药之一，具有益气、滋肾、敛肺、固精、益脾、生津、安神等多种功效，可治肺虚喘咳、口干作渴、自汗、盗汗、劳伤羸瘦、梦遗、滑精、多梦失眠、久泻久痢等症。

食用方法

五味子可以泡水喝，可以制成五味子片，也可以泡酒喝。此外，还可以与其他食物、药材配伍煮粥、炖汤等。

购存技巧

五味子以粒大、果皮紫红、肉厚、柔润者为佳。

五味子的贮存比较简单，晒干后贮藏在干燥通风处，防止霉烂、虫蛀即可。

五味子炖肉

材料

五味子…………………… 50克
猪瘦肉…………………… 300克
盐………………………… 适量

制作过程

1. 将五味子洗净。猪瘦肉洗净切块备用。
2. 将五味子和猪瘦肉一起炖，炖至肉熟烂。
3. 加盐调味即可食用。

注意事项

猪瘦肉烹调前莫用热水清洗，因猪肉含有肌溶蛋白，在15℃以上的水中易溶解，若用热水浸泡就会流失很多营养，同时口味也欠佳。

宜忌

外有表邪、内有实热或咳嗽、感冒、麻疹的患者禁食此菜。五味子有副作用，因此不宜长期、大量食用。

肉苁蓉 roucongrong

肉苁蓉属列当科濒危种，别名大芸、寸芸、苁蓉，素有“沙漠人参”之美誉，具有极高的药用价值，是中国传统的名贵中药材，也是历代补肾壮阳类处方中使用最多的补益药物之一。

营养价值

肉苁蓉含有生物碱、醇素、糖分、脂肪油、结晶性的中性物质、氨基酸、微量元素、维生素等成分，其中，所含有的苯炳醇糖是其他药物所没有的成分。

膳食价值

肉苁蓉味甘、咸，性温，能补肾阳，益精血，润肠通便，适用于肾阳不足、精血虚亏、阳痿或不孕、腰膝酸软、筋骨无力、肠燥便秘等症。

食用方法

肉苁蓉的用量一日为 10~30 克，可煎汤、煎膏、浸酒或煮粥、入丸；也可与羊肉等食材一起炖食，具有很好的药膳作用。

购存技巧

肉苁蓉有淡苁蓉和咸苁蓉两种。淡苁蓉以个大身肥、鳞细、灰褐色或黑褐色、油性大、茎肉软者为佳。咸苁蓉以色黑质糯、细鳞粗条、体扁圆形者为佳。肉苁蓉应置在通风阴凉处贮存，避免阳光直射。

肉苁蓉粥

材料

羊肉…………………………… 50克
肉苁蓉………………………… 20克
大米…………………………… 100克

制作过程

1. 肉苁蓉洗净加水100毫升，煮烂去渣。
2. 羊肉洗净切片放入沙锅内，加水200毫升，煮至肉烂后，再加水300毫升。
3. 将大米煮至米开汤稠时加入肉苁蓉汁及羊肉同煮片刻关火，盖紧盖焖5分钟即可。

注意事项

许多人吃羊肉时喜欢用醋作为调味品，认为吃起来更加爽口，其实是不合理的。因为醋性温，宜与寒性食物搭配，与热性的羊肉不适宜。

宜忌

大便溏薄、性功能亢进、阴虚火旺、脾胃虚弱所致腹泻等患者忌食此粥。肉苁蓉忌用铁、铜器烹煮。

鲍鱼 baoyu

鲍鱼是一种原始的海洋贝类，单壳软体动物。只有半面外壳，壳坚厚，扁而宽，又名镜面鱼、九孔螺、明目鱼、将军帽。为中国“四大海味”之首，以山东、广东、辽宁等地产量最多，产期为春、秋两季。

营养价值

鲍鱼含有蛋白质、维生素 A、维生素 B_1、维生素 B_2、维生素 E、烟酸、脂肪、镁、铁、钙、锌、铜、钠、钾、锰、磷、硒等营养成分。

膳食价值

鲍鱼具有滋阴补阳、止渴通淋、平肝固肾等功效，是一种有效的固精食品，可治肝热上逆、头晕目眩、骨蒸劳热、青盲内障、高血压等症。

食用方法

鲍鱼肉质细嫩、鲜而不腻、营养丰富，烧菜、煮汤均美味无穷。其中，北京名菜“蛤蟆鲍鱼”誉满中外。鲍鱼可新鲜烹饪，也可制成干品食用。

购存技巧

鲜鲍鱼以外形完整、肉质肥美、形状一致、表面黝黑有光泽的为佳；干鲍鱼以质地干燥、卵圆形、中间凸出、无杂质、味淡者为上品。

鲜鲍鱼可用保鲜膜包好后放入冰箱保鲜；干鲍鱼则可依次用塑料袋、报纸与塑料袋包裹密封好放于冰箱贮存。

虫草鲍参汤

材料

桂圆…………………… 10克
冬虫夏草………………… 5克
鲍鱼……………………… 1只
海参…………………… 40克
香菇…………………… 20克
食用油、盐…………… 各适量

制作过程

1. 海参用温水泡透洗净，切成长块；香菇、冬虫夏草用温水浸泡，洗净；鲍鱼去壳，洗净。
2. 上述材料一同置于炖盅，加适量清水，炖盅加盖，隔水慢炖。
3. 待盅内水开，先用大火炖1小时，再用小火炖2小时，除去渣，加油、盐调味即可。

注意事项

鲍鱼内侧比较脏，要仔细清洗，这样炖出来的汤才不会带有一股泥土味。假鲍鱼与真鲍鱼的最大区别在于：前者背部中央有片壳板，加工晒干时虽被剥掉，但仍留下明显的印痕。

宜忌

痛风、尿酸高者、感冒发热、伤风咳嗽等患者不宜食用鲍鱼。鲍鱼的内脏不宜食用，否则会出现皮肤瘙痒和针刺感，还可能引发水肿或皮肤溃疡。

仙茅 xianmao

仙茅叶似茅，故有仙茅之称；别名地棕、独茅、山党参、仙茅参等。属石蒜科植物，生于海拔 1600 米以下的林中、草地或荒坡上，其根茎可药食。

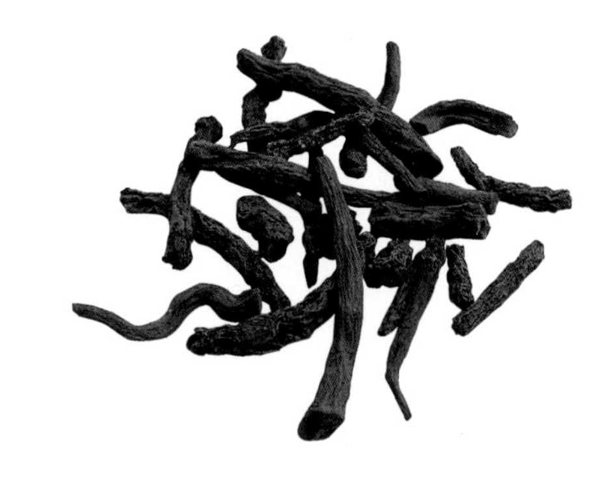

 营养价值

仙茅含鞣质、脂肪、树脂、淀粉、石蒜碱、丝兰皂甙元、β－谷甾醇、仙茅甙乙、黄酮、生物碱、仙茅素 B 及苔黑酚葡糖甙等成分。

 膳食价值

仙茅味辛，性温，具有温肾壮阳、散寒除湿的功效，主治阳痿精冷、遗精滑泄、小便失禁、脘腹冷痛、腰膝酸痛、筋骨软弱、挛痹不行等症。

食用方法

仙茅食用方法较多，可煎汤内服，也可泡药酒喝，还可与羊肉、虾、金樱子等食材、药材一起炖汤入菜。

购存技巧

仙茅以根条粗长、质坚脆、表面黑褐色者为佳。

仙茅应放置在通风阴凉干燥处贮存，并要避免阳光直射。

仙茅金樱子炖鸡肉

材料

仙茅…………………………10 克
金樱子………………………15 克
鸡肉…………………………300 克
盐……………………………适量

制作过程

1. 将仙茅用淘米水浸泡 3 天，然后取出洗净备用。
2. 将鸡肉洗净切块，放入沙锅，加清水适量，先用大火煮沸，再用小火慢炖 1 小时，然后放入仙茅、金樱子共炖 1 小时。
3. 鸡肉熟烂后，加入适量盐即可。

注意事项

食用仙茅期间，应保持良好的作息习惯，尽量避免熬夜。同时要少吃辛辣或者刺激性食物。

宜忌

凡阴虚发热、咳嗽、咯血、齿血、血淋、脚膝无力、虚火上炎、口干咽痛、不能孕育、血虚、阴虚内热外寒、阳厥等患者禁食仙茅。

牛肉 niurou

牛肉是全世界人们都爱吃的食品，也是中国人的主要肉类食品之一，消费量仅次于猪肉。其味道鲜美，享有“肉中骄子”的美称。牛肉因为出自牛身不同部位而有不同名称，例如西冷、牛排、牛柳等。

营养价值

牛肉含有丰富的蛋白质、脂肪、B 族维生素、烟酸、钙、磷、铁等营养成分，尤其是它的氨基酸组成比猪肉更接近人体需要。

膳食价值

牛肉有补中益气、滋养脾胃、强健筋骨、化痰息风、健脾益肾、止渴止涎的功能，适用于中气下陷、气短体虚、筋骨酸软和贫血久病及面黄目眩之人食用。

食用方法

牛肉可煮、焖、蒸、炒、烤、酱，也可制成牛肉干等食品。牛肉的后腿肉、侧腹肉、上腰肉和细肉片在滋味和口感上都不同，吃起来各有风味。

购存技巧

肉皮无红点、肉质光泽有弹性、肉色呈红色且均匀、脂肪洁白或淡黄色的为好牛肉。

为了防止氧化而变质，买回的牛肉应置于冰箱保存，而且不能久放，一般以三、四天为限。

白菜炒牛肉

材料

牛肉…………………… 300 克
白菜心………………… 250 克
醋…………………… 10 毫升
姜、葱………………… 各 5 克
淀粉、盐、料酒……… 各适量

制作过程

1. 白菜心洗净剖开，切成细丝；葱和姜洗净切丝。
2. 牛肉洗净切成肉丝，加盐、淀粉、醋腌渍 10 分钟。
3. 起油锅，放入腌好的牛肉，翻炒几下后加入料酒，放入葱丝，盖上锅盖焖 2 分钟，再加入白菜稍炒至断生，加葱、姜、盐调味即可。

注意事项

炒牛肉时需掌握好油温，宜大火急炒。如果是煮牛肉，锅内可同时放入少量用布袋装好的茶叶，不仅能使牛肉很快煮烂，而且肉味更鲜美。

宜忌

不宜食用隔夜反复加热的牛肉。牛肉的纤维较粗糙不易消化，老人、幼儿及消化能力弱的人不宜多吃。内热盛、皮肤病、肝病、肾病等患者忌食牛肉。

韭菜 jiucai

韭菜又叫起阳草、懒人菜、长生韭等。我国古代不少诗人都提到韭菜，如杜甫在诗中写道：夜雨剪春韭，新炊间黄粱。苏轼也赋诗说：渐觉东风料峭寒，青蒿黄韭试春盘。由此可见，韭菜自古以来就受到人们的重视和喜爱。

营养价值

韭菜不仅质嫩味美，营养也十分丰富，含有丰富的蛋白质、脂肪、碳水化合物、钙、铁、磷、维生素、胡萝卜素等营养成分。另外，还含有挥发油、含硫化物和纤维素。

膳食价值

韭菜有补肾助阳、温中开胃、降逆气、散瘀等功效，用于肾阳虚衰、阳痿、遗精、遗尿、腰膝酸软、噎膈反胃、腹痛、胸痹作痛、瘀血等症。

食用方法

韭菜可以炒、拌、煮，也可制成配料、点心馅等。此外，还可捣汁饮。韭菜味道鲜美，既可单独食用，也适合与其他食物搭配烹饪。

购存技巧

选购韭菜以叶直、鲜嫩翠绿为佳，这样的韭菜营养素含量较高。新鲜的韭菜根部截口处较齐，捏住根部叶片能直立。

韭菜捆好后用大白菜叶包裹，放阴凉处可保鲜 1 周。

韭菜炒鸡蛋

材料

韭菜…………………………100 克
鸡蛋…………………………2 只
食用油、盐……………………各适量

制作过程

1. 将韭菜洗净切粒；鸡蛋磕破入碗，打成蛋液。
2. 油入锅烧热，倒入蛋液煎至金黄，待用。
3. 倒入韭菜，加盐翻炒片刻即成。

注意事项

韭菜根部切割处有很多泥沙，最难洗，宜先剪掉一段根部，并用盐水浸泡一会再洗。韭菜含有的硫化物遇热易于挥发，因此烹调韭菜时需要急火快炒起锅，不能加热过久，否则会失去韭菜的风味。

宜忌

阴虚但内火旺盛、胃肠虚弱但体内有热、溃疡、阳亢、眼疾者应慎食韭菜。韭菜忌与蜂蜜、牛肉同食。韭菜能刺激皮肤疮毒，痈疽疮肿及皮癣、皮炎、湿毒等患者忌食。

泥鳅 niqiu

泥鳅属鳅科，被称为“水中之参”。产于中国、日本、朝鲜、印度及俄罗斯等地。泥鳅生长在河湖田池，夏季最多。形体圆小，只有三四寸长，皮下有小鳞片，颜色青黑，浑身沾满了黏液，因而滑腻难握。

营养价值

泥鳅含有蛋白质、脂肪、碳水化合物、灰分、钙、磷、铁、维生素A、维生素B_1、维生素B_2、烟酸，还含有多种维生素和较多不饱和脂肪酸，其中维生素A、维生素B_1、维生素B_2都相当丰富。

膳食价值

泥鳅具有补中益气、除湿退黄、益肾助阳、祛湿止泻、暖脾胃、疗痔、止虚汗的功效，适合身体虚弱、脾胃虚寒、营养不良、小儿体虚盗汗、心血管疾病、癌症、急慢性肝炎及黄疸、阳痿、痔疮、皮肤疥癣瘙痒等患者食用。

食用方法

泥鳅可鲜用和烘干食用，可炒菜、煮粥、炖汤。除食用外，还可药用。如泥鳅皮肤分泌的黏液，就有较好的抗菌消炎作用，用它冲开水饮用可治小便不通，用它拌糖抹患处可治肿痛，如果滴在耳朵里还能治中耳炎。

购存技巧

要选择鲜活、无异味的泥鳅食用，忌选用死泥鳅。

买来的泥鳅，用清水漂一下，放在装有少量水的塑料袋中，扎紧口，放入冰箱冷冻，泥鳅长时间都不会死掉，只是呈冬眠状态。

参芪泥鳅汤

材料

泥鳅…………………… 250 克
黄芪、党参、山药… 各 30 克
去核红枣………………… 5 枚
姜、盐、食用油……… 各适量

制作过程

1. 泥鳅用清水养 1 ~ 2 天，以去污，剖去鳃、内脏，放少许盐去黏液，再用开水烫洗。
2. 油入锅烧热，放泥鳅爆油，放姜爆香，铲起备用。
3. 黄芪、党参、红枣、山药与泥鳅入煲，加清水适量，小火煲 2 小时，撒盐即可。

注意事项

泥鳅在煎之前，要用开水烫死。在煮的过程中，盐不能下得早，否则汤不白。饮用此汤不能食萝卜、茶。

宜忌

泥鳅不宜与狗肉、狗血同食；阴虚火盛者忌食泥鳅；螃蟹、毛蟹与泥鳅相克，不宜同吃，同食会引起中毒。

虾 xia

虾又叫海米、开洋，是一种生活在水中的长身动物。属节肢动物甲壳类，主要分为淡水虾和海水虾。其肉质肥嫩鲜美，是一种高蛋白低脂肪食物。

营养价值

虾含有十分丰富的钙、磷、铁、镁、锌、铜及多种维生素、烟酸等成分。其中钙是人体骨骼的主要组成成分，磷具有促进骨骼、牙齿生长发育的功能，铁能预防缺铁性贫血。

膳食价值

虾性温味甘，具有补肾、壮阳、通乳、托毒的作用，对肾虚、阳萎、早泄、遗精、腰膝酸软、四肢无力、皮肤溃疡、疮痈肿痛、产后缺乳等症有很好的食疗效果。经常食虾还能延年益寿。

食用方法

虾可炒食、煮汤、白灼、浸酒，或作虾酱，还可晒干食用。另外，食用海虾时最好和姜、醋等佐料共同食用，既能杀菌，又可以防止肠胃不适。

购存技巧

新鲜的虾头尾与身体紧密相连，虾身有一定的弯曲度，皮壳发亮，肉质坚实细嫩，有弹性，无异味。

贮存时可将虾的沙肠挑出，剥除虾壳，然后撒上少许酒，控干水分，再放进冰箱冷冻。

蒸蒜香大虾

材料

大虾……………………………350 克
蒜头………………………………5 克
葱粒、红椒丝、糖、生抽
……………………………………各适量

注意事项

虾背上的虾线，是虾未排泄完的废物，假如吃到口内会有泥腥味，影响食欲。烹调虾之前，先用泡桂皮的沸水把虾冲烫一下，味道会更鲜美。虾很容易熟，不要过分煸炒，以免虾肉太老，口感欠佳。

制作过程

1. 大虾开边切开，去虾肠，洗净，用布吸干水分；蒜头去衣拍碎；预备葱粒和红椒丝。
2. 调备汁料和蒜蓉放于锅内，调成汁备用。
3. 大虾排在碟上，把蒜蓉汁、红椒丝放在大虾上面，用保鲜纸包裹，留一开口处疏气，大火蒸几分钟取出。

宜忌

虾为发物，急性炎症和皮肤疥癣及有过敏性疾病，如过敏性鼻炎、过敏性皮炎、哮喘患者不宜吃虾。虾不宜与柿子、山楂、石榴、葡萄等同吃，否则会出现呕吐、头晕、腹泻、腹痛等症状。

海参 haishen

海参又名刺参、海黄瓜等，是一种名贵海产动物，因补益作用类似人参而得名。其肉质软嫩，滋味鲜美，是久负盛名的名馔佳肴海味“八珍”之一，与鲍鱼、鱼翅齐名。

营养价值

海参含有蛋白质、脂肪、碳水化合物、钙、磷、铁、维生素 B_1、维生素 B_2、烟酸、牛磺酸、精氨酸、硫酸软骨素、刺参黏多糖等 50 多种营养成分，其中精氨酸是构成男性精细胞的主要成分。

膳食价值

海参性温，具有补肾益精、滋阴健阳、补血润燥、调经祛劳、养胎利产等功效，适用于糖尿病、贫血、动脉硬化、高血压、高血脂、体虚、畏寒、多汗、气管炎、关节炎、骨质疏松、尿频、肾虚、性欲减退、便秘、失眠等症。

食用方法

涨发好的海参应反复冲洗以除去残留化学成分。海参发好后可直接食用，也可红烧、炖汤、煮粥，干海参还可研成细末冲开水饮用。

购存技巧

选购海参要干燥的，不干的易变质；要选干瘪的，因为参体异常饱满的有可能是加了添加物的。

发好的海参不能久存，且不要沾油，可放入冰箱中冷藏。如是干货保存，最好放在密封木箱中。

海参羊肉汤

材料

海参…………………… 300 克
羊肉…………………… 500 克
猪脊骨………………… 200 克
猪瘦肉………………… 200 克
生姜……………………　10 克
盐………………………　6 克

制作过程

1. 将海参用火烧净灰渍，浸水1天，用沸水煮至软身后洗净，切件；羊肉洗净切件，猪脊骨、猪瘦肉洗净切块，生姜洗净去皮。
2. 锅内烧水，待水沸时，烫净猪脊骨、猪瘦肉、羊肉的血渍。
3. 沙煲一个，放入海参、猪脊骨、猪瘦肉、羊肉、生姜，加入适量清水，中火煲2小时后调入盐即可。

注意事项

发泡海参时绝对不要沾到油、化妆品和毛发等，否则海参会出现肉质溶化的现象，影响发泡效果。发泡时最好用桶装纯净水，不宜用自来水发泡，因为自来水中矿物质和杂质多。

宜忌

儿童一般不宜多吃海参。伤风感冒、身体发热、脾胃有湿、咳嗽痰多、舌苔厚腻、脾胃虚弱、腹泻、高尿酸血症和对蛋白质过敏的人不宜吃海参。

菟丝子 tusizi

菟丝子又称菟丝实、黄藤子、吐丝子等，为旋花科植物菟丝子或大菟丝子的种子。前者主要产于辽宁、吉林、河北等地，后者主要产于陕西、云南、贵州等地。

营养价值

菟丝子含有生物碱、蒽醌、香豆素、黄酮、甙类、甾醇、鞣酸、糖类等，亦含有锶、钼、钙、镁、铁、锰、锌、铜等微量元素及多种氨基酸。

膳食价值

菟丝子具有补肾益精、养肝明目等功效，适用于腰膝筋骨酸痛、腿脚软弱无力、阳痿、遗精、呓语、小便频数、尿有余沥、头晕眼花、视物不清、耳鸣耳聋及妇女带下、习惯性流产等症。

食用方法

菟丝子的食法较为简单，可研为细末，温水冲调食用，也可泡酒、泡茶喝。另外，还可以配伍其他食物炖汤、煮饭食用。

购存技巧

菟丝子以大小均匀、灰棕色或黄褐色、表面光洁、不易捻碎、颗粒饱满者为佳。

菟丝子宜置于通风干燥的地方保存。

菟丝子笋饭

材料

菟丝子……………………………15 克
竹笋………… 200 克（剥皮后净重）
大米、酱油、酒……………… 各适量

制作过程

1. 大米煮饭。
2. 菟丝子用约 2 杯清水以小火煎 1 小时，水煎至一半时，用布滤去渣滓，留汁备用。
3. 竹笋洗净切碎，与菟丝子汁共同下锅，加清水、酱油、酒一起煮，笋熟即成。将煮熟的汤浇入煮好的饭里，拌匀即可食用。

注意事项

菟丝子入肾经，阴阳并补，若与鹿茸、附子、枸杞子、巴戟天等配伍，能温肾阳；与熟地、山萸肉、五味子等同用，可滋肾阴。

宜忌

阴虚火旺、阳强不痿、大便燥结、血崩、肾脏有火等患者及孕妇不宜食用菟丝子。

益智仁 yizhiren

益智仁又名益智子、摘艼子，为姜科植物益智的干燥成熟果实。夏、秋间果实由绿变红时采收，主要产于海南岛，广东雷州半岛、广西等地也有出产。

营养价值

益智仁味辛，性温，含有挥发油、益智仁酮、维生素 B_1、维生素 B_2、维生素 C、维生素 E 及多种氨基酸、脂肪酸等营养成分。

膳食价值

益智仁具有温补固摄、暖脾止泻、固涎摄唾、温肾固精缩尿的功效，主治脾肾虚寒、腹痛、腹泻、肾气虚寒、小便频数、遗尿、遗精、慢性泄泻及唾液外流不能控等症。

食用方法

益智仁可研成细末煮粥，也可与其他食物、中药配伍；如跟羊脑、枸杞子、生姜等一起炖汤食用，可治头晕、失眠、肾虚、遗精。

购存技巧

益智仁以个大、饱满、气味浓者为佳。

益智仁宜贮存于干燥容器内，置阴凉干燥处。因其易虫蛀，受潮生霉，因此若发现吸潮或轻度生霉，要及时摊于阴凉处散潮，使其干燥。

益智仁粥

材料

益智仁…………………… 5克
糯米…………………… 50克
盐……………………… 适量

制作过程

1. 益智仁洗净，糯米淘洗干净备用。
2. 先将益智仁研为细末，糯米煮粥。
3. 调入益智仁末，加盐少许，与粥稍煮片刻即可。

注意事项

糯米性温黏腻，肺热所致的发热、咳嗽、痰黄黏稠和湿热所致的黄疸、淋症、胃部胀满等患者忌食。脾胃虚弱所致的消化不良患者也应慎食。

宜忌

益智仁燥热，能伤阴动火，故阴虚火旺、湿热痰滞、胸闷不舒、大便溏泻、津亏血少等患者不宜食用。

番茄 fanqie

番茄别名西红柿、洋柿子，古名六月柿、喜报三元，为茄科植物番茄的果实。原产南美洲，在秘鲁和墨西哥被称为“狼桃”。我国大部分地区均有栽培，果期为5～9月份。

营养价值

番茄含有蛋白质、脂肪、膳食纤维、碳水化合物、胡萝卜素、视黄醇、烟酸、维生素B_1、维生素B_2、钾、钠、钙、镁、铁、锰、锌、铜、磷、硒等成分。

膳食价值

番茄具有生津止渴、健胃消食、清热解毒、凉血平肝、补血养血和增进食欲的功效，适宜发热、食欲不振、贫血、头晕、心悸、高血压、急慢性肝炎、急慢性肾炎等患者食用。此外，番茄含有多种对性有益的功能因子，能壮阳。

食用方法

新鲜番茄可洗净生吃，如使用开水洗烫加白糖蘸食更佳，也可单独或配伍其他食物煮汤、炒食，还可榨汁饮。

购存技巧

挑选番茄时，要选粉红色、浑圆、表皮有白点、有蒂、圆润、肉质红色、沙瓤、多汁的。

买回的番茄可放入塑料袋密封，放在阴凉、干燥处贮存。

番茄白菜烩牛肉

材料

牛肉……………………………… 250 克
番茄……………………………… 150 克
大白菜…………………………… 150 克
料酒、盐、味精、食用油、葱、姜
………………………………………各适量

制作过程

1. 将番茄洗净，切成块；大白菜洗净切片；葱洗净切段；姜洗净切片。
2. 牛肉洗净切片，放入锅中，加适量清水，大火烧开，放入食用油、料酒、葱段、姜片，改小火煮。
3. 牛肉快熟时，再加入番茄块、大白菜片，炖至全部熟烂，再加盐、味精即可。

注意事项

烹调番茄时不宜长时高温加热，因番茄红素遇光、热和氧气容易分解，失去保健作用。

宜忌

急性肠炎、菌痢及溃疡病人不宜食用番茄。不宜吃未成熟的青色番茄，因其含有毒的龙葵碱；如食用了，严重的可出现头晕、恶心、周身不适、呕吐及全身疲乏等症状。

何首乌 heshouwu

何首乌又名首乌、夜交藤，是蓼科植物何首乌的块根。中药何首乌有生首乌与制首乌之分。直接切片入药的为生首乌，用黑豆煮汁拌蒸后晒干入药的为制首乌。

营养价值

何首乌味苦甘涩，性微温，含有大黄酚、大黄素、大黄酸、淀粉、粗脂肪、卵磷脂等成分，是一种采用极广的补益药物。

膳食价值

何首乌具有补肝肾、益精血、乌须发、强筋骨之功效，主治精血亏虚、头晕眼花、肠燥便秘、高血脂、须发早白、腰酸脚软、遗精、崩带等症。

食用方法

何首乌可熬膏、泡茶、泡酒或入丸、散，也可与其他食物、药材炖汤食用，均能起到很好的药用效果。

购存技巧

选购何首乌时以块大、无虫蛀、干透者为佳。

不管是生何首乌还是制首乌，都应置于阴凉、干燥、通风的地方贮存，以防潮、防蛀。

猪肝何首乌汤

材料

猪肝……………………300 克
何首乌…………………20 克
猪脊骨…………………200 克
猪小肘…………………150 克
红枣……………………10 克
姜………………………5 克
盐………………………5 克

制作过程

1. 将猪脊骨、猪小肘洗净斩件，何首乌洗净切块，猪肝洗净切块，姜洗净去皮。
2. 瓦煲加水烧开后，放入猪脊骨、猪小肘烫去表面血渍，倒出洗净。
3. 用瓦煲加水，大火煲开后，放入猪脊骨、猪小肘、猪肝、何首乌、姜，煲 2 小时后调入盐即可。

注意事项

生首乌含有毒性成分蒽醌类，如服用量过大会对胃肠产生刺激作用，出现腹泻、腹痛、肠鸣、恶心、呕吐等现象，重者可出现痉挛、抽搐、躁动不安，甚至发生呼吸麻痹，因此要慎用。

宜忌

何首乌忌无鳞鱼，不能与羊肉、猪肉、萝卜、葱、蒜一起食用。大便溏泄及有痰湿者忌食此汤。此外，不宜用铁器炖何首乌。

肉桂 rougui

肉桂又名桂皮、紫桂、玉桂等，为樟树科植物肉桂的干皮及枝皮，原产我国广西、广东等地及越南等国，有官桂、企边桂、板桂等多种，一般8～9月份采集。

营养价值

肉桂含有挥发油，主要成分为桂皮醛，占75%～90%，并含有少量乙酸桂皮脂、肉桂酸、乙酸苯丙酯、苯甲醛、糖类、桂皮苷、桂皮多糖和香豆素等。

膳食价值

肉桂具有补元阳、暖脾胃、除积冷、通血脉的功效，可治命门火衰、肢冷脉微、亡阳虚脱、腹痛泄泻、寒疝奔豚、腰膝冷痛、经闭症瘕、阴疽流注、虚阳浮越、上热下寒等证。

食用方法

肉桂可煎汤，或入丸剂、散剂内服，也可与肉类放在一起加水烧煮食用。肉桂可研成粉直接食用，也可以和大米加水一起煮粥吃。

购存技巧

肉桂以表皮细致、皮厚体重、不破碎、油性大、香气浓而微辛、嚼之渣少者为佳。

肉桂应放在通风阴凉干燥处贮存，以防蛀、防潮。

肉桂煲鸡肝

材料

肉桂……………………………… 5 克
鸡肝……………………………… 150 克
猪瘦肉…………………………… 100 克
姜、枸杞子、杜仲……………各 5 克
桂圆肉、盐……………………各适量

注意事项

购买鸡肝时，首先要闻气味，新鲜的有肉香。其次，看外形，新鲜的充满弹性，不新鲜的则边角干燥。最后，看颜色，健康的鸡肝淡红色、土黄色、灰色，都属于正常。

制作过程

1. 将肉桂、枸杞子、杜仲洗净；姜洗净切片；鸡肝去胆洗净，切厚片；猪瘦肉洗净切块。
2. 锅内烧水，水开后放入鸡肝、猪瘦肉烫去表面血渍，再捞出洗净。
3. 将全部材料一起放入煲内，加入清水适量，大火煲开后改小火煲约 1 小时，调味即可。

宜忌

阴虚火旺、里有实热、精亏血少、肝盛火起、肥胖症、血热妄行等患者及孕妇禁食肉桂。肉桂忌与葱、石脂配伍食用。

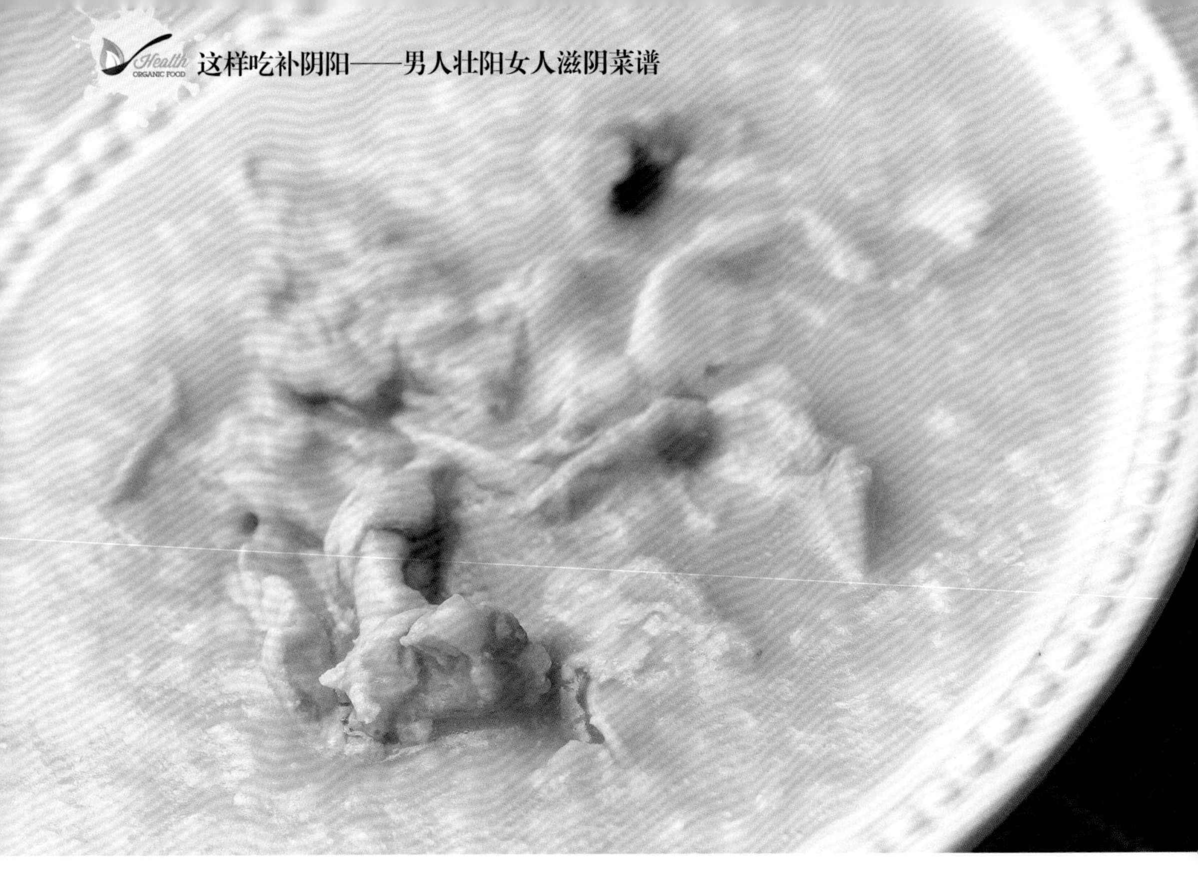

肉桂羊肉粥

材料

大米……500 克
肉桂……10 克
羊肉……1500 克
草果……5 个
蚕豆……500 克
香料……5 克
盐、香菜……各适量

注意事项

羊肉中有很多膜，切丝之前应先将其剔除，否则熟后肉膜硬，吃起来难以下咽。

制作过程

1. 大米洗净，浸泡 30 分钟；羊肉洗净，连同草果、肉桂、蚕豆一起放进锅内，加水适量。
2. 先用大火煮沸，后改小火慢熬成汤；把汤过滤去渣，放入粳米、香料、盐调匀，继续用小火熬熟，放入香菜，将羊肉切块，盛入碗中，分碗盛装。

宜忌

肉桂性热味辛，所含桂皮油有杀菌通经，健胃祛风、化痰止咳、利尿抗辐射的作用。阴虚火旺、里有实热、血热妄行者及孕妇忌用。

Part 3 女人滋阴食疗方

了解阴虚

阴虚，是指精血或津液亏损的病理现象。因精血和津液都属阴，故称阴虚。阴虚体质的人，多见于身形消瘦、发质差、皮肤无光泽、易生痤疮、烦躁健忘、口干舌燥、咽喉不适、干咳痰少、手足心热、大便干燥、小便赤黄、喜冷饮、面色潮红、舌红少苔、身体潮热、盗汗、失眠多梦、眩晕、耳鸣、眼睛干涩有眼屎、心悸不安、视物昏花等。阴虚体质可分为肺阴虚、心阴虚、肾阴虚和肝阴虚四种。

阴虚体质的成因主要有以下几种：首先，阴虚体质中相当一部分是天生的，天生火气大。其次，情绪影响也是阴虚体质形成的因素之一。一个人长期将自己的不良情绪积压于心里，无法得到宣泄而不断郁结，时间一长，身体内部被内火烘烤而产生阴虚。再次，长期食用辛辣刺激性食物，容易造成内火旺盛，导致阴虚体质。

阴虚体质多见于女性。女性一生中需要经历经、带、胎、产、乳，这些特殊的生理过程都需要消耗血，血属阴，所以容易造成阴虚体质。另外，由于已经形成阴虚体质的女性多半喜好冷饮，寒凉食物吃多了又容易造成血瘀，对身体的损害更大。

滋阴是指治疗阴虚、滋养阴液的一种方法。大自然中，人需要阴阳和虚实平衡。当阴虚时，人们就需要重新调理自身的阴阳平衡，吃些滋阴养血的食物，以恢复身体健康。

女性滋阴饮食应注意什么

1. 不同年龄段应采取不同滋补方法

少女时期如果身体无病、体质正常，就没必要进行滋补，只要饮食平衡，有良好的生活习惯就行。如果发育迟缓，体弱多病，可多吃一些滋补食品，如鸡、鸭、鱼、肉等，但不宜厚补。

成年妇女因有月经、怀孕、生产、哺乳等生理特点，容易出血、血瘀，身体变得虚弱，易产生月经不调、痛经、闭经、腰膝酸软无力、畏寒喜暖、头痛头晕等症状，应进行补血养血为主的滋补。

老年女性由于卵巢萎缩而导致绝经，肾气渐衰、精血减少，宜采用补肾肝、益气血的方法调养身体。

2. 饮食原则

滋阴饮食宜清淡，宜吃生津养阴、富含优质蛋白质及维生素的食物，忌食辛辣、高脂肪、高糖食品。可多吃粗粮、蔬菜、水果，以促进排便排毒，达到减肥美容效果。

3. 宜吃食物

猪腰、项鸡、乌鸡肉、鸽肉、鸽蛋、鸭肉、黑豆、眉豆、甲鱼、鲤鱼、芹菜、葡萄、红枣、薏苡、油菜、白菜、黄瓜、甜瓜、竹笋、梨、藕、百合、蜂蜜、白果、瘦猪肉、牛奶、鸡蛋、龟肉、鳗鱼、海参、干贝、蛤蜊、蚌肉、牡蛎、螃蟹、黑木耳、银耳、沙参、枸杞子、石斛、玉竹、麦冬、熟地、女贞子、当归、阿胶等。

4. 忌吃食物

狗肉、雀肉、海马、海龙、獐肉、炒瓜子、爆米花、佛手柑、韭菜、大蒜、辣椒、胡椒、大小茴香、薤白、花椒、肉桂、白豆蔻、丁香、薄荷、酒、砂仁、肉苁蓉、锁阳等。

此外，夜间要少喝咖啡、茶。同时，要禁烟，吸烟可使皮肤色素增多而导致面色晦暗。

女贞子 nvzhenzi

女贞子又称女贞实、冬青子、白蜡树子、鼠梓子。是木犀科女贞属植物女贞的果实，呈卵形、椭圆形或肾形，表面黑紫色或灰黑色。原生于我国长江流域及河南等地，冬季果实成熟时采摘。

营养价值

女贞子含有齐墩果酸、乙酰齐墩果酸、熊果酸、甘露醇、葡萄糖、棕榈酸、硬脂酸、油酸、亚油酸，并含有 17 种氨基酸，其中 7 种为必需氨基酸。另外，还含有锌、铁、锰、铜、钙等 11 种微量元素。

膳食价值

女贞子具有补肝肾、强腰膝、乌须明目的功效，可治阴虚内热、头晕、目花、耳鸣、腰膝酸软、须发早白等症。

食用方法

女贞子可药用，煎汤、熬膏或入丸剂内服；也可泡酒，研末冲温水喝，配伍其他食物煮粥、炖汤食用。

购存技巧

女贞子以粒大、饱满、色蓝黑、质坚实者为佳。

储藏期间，应保持环境干燥、整洁，可用密封或抽氧充氮养护。如发现受潮或轻度虫蛀，要及时晾晒。

女贞子黑芝麻瘦肉汤

材料

猪瘦肉…………………… 60 克
女贞子…………………… 40 克
黑芝麻…………………… 30 克

制作过程

1. 将猪瘦肉洗净，切件；女贞子、黑芝麻洗净。
2. 把全部用料放入锅内，加清水适量。
3. 大火煮沸后，改小火煲 1 小时，调味即可食用。

注意事项

在制作肉类食物时，可将肉片切好后，加入适量的干淀粉或鸡蛋清拌匀，静置 30 分钟后再下锅炒，这样可使肉质嫩化，入口不腻。

宜忌

感冒发热、脾胃虚寒、泄泻及肾阳不足者不宜饮用此汤。忌杂保脾胃药及椒红温暖之类同施，否则会有腹痛作泄之患。

蜂蜜 fengmi

蜂蜜又称石蜜、白蜜等，是昆虫蜜蜂从开花植物的花中采得的花蜜在蜂巢中所酿制的蜜糖。蜂蜜中孢子并不会繁殖产生毒素，一般情况下，蜂蜜中的厌氧菌也没有在人体内繁殖的危险。

营养价值

蜂蜜含有葡萄糖、蛋白质、柠檬酸、苹果酸、琥珀酸、烟酸、胡萝卜素、淀粉酶、转化酶、碳水化合物、蛋白质、脂肪、维生素 B_1、维生素 B_2、维生素 C、钙、磷、钾、铁、锌、硒、钠、镁、铜等营养成分。

膳食价值

蜂蜜具有补中缓急、润肺止咳、润肠燥、解毒等功效，用于脾胃虚弱、体倦少食、脘腹疼痛、泻痢腹痛、肺燥咳嗽、痰少干咳、肠燥津枯、大便秘结、疮疡热毒等症。

食用方法

新鲜蜂蜜可直接食用，也可配成水溶液食用，但不可用开水冲或高温蒸煮，最好用40℃以下温开水或凉开水稀释后服食。

购存技巧

质量好的蜂蜜质地细腻、颜色较深且光亮。

存贮蜂蜜时，应使用玻璃或是陶瓷器皿，存放在低温避光处，但温度不宜过低，否则会促使蜂蜜结晶析出葡萄糖。

蜂蜜鹌鹑蛋

材料

鹌鹑蛋…………………………… 80克
蜂蜜…………………………… 20毫升
生姜…………………………………适量

制作过程

1. 将鹌鹑蛋煮熟去壳，生姜洗净切片。
2. 把去壳的鹌鹑蛋放入烧锅内，加生姜片稍煮。
3. 待凉装碗去生姜片，加入蜂蜜即可食用。

注意事项

由于含水量较低，优质蜂蜜很黏稠。因此，鉴别蜂蜜是否掺假时可用牙签挑起一些蜂蜜向外拉，能拉出细长又透亮的丝，则是没掺假的蜂蜜；否则是不纯的蜂蜜。

宜忌

脘腹胀满、苔厚腻、肠滑腹泻、糖尿病患者和未满一岁的婴儿不宜吃蜂蜜。清晨空腹不宜喝蜂蜜水。蜂蜜和大米、茭白、茶不宜同食。

鸡蛋 jidan

鸡蛋为雉科动物母鸡产的卵，又名鸡卵、鸡子，是人类最好的营养来源之一。其外有一层硬壳，内有气室、卵白及卵黄部分。

营养价值

鸡蛋含有磷、锌、铁、蛋白质、维生素 D、维生素 E、维生素 A、卵磷脂、固醇类、蛋黄素及 B 族维生素等营养成分。

膳食价值

鸡蛋性味甘、平，归脾、胃经，具有补肺养血、滋阴润燥、益血安神、补脾和胃的功效，用于气血不足、热病烦渴、眩晕、病后体虚、营养不良、阴血不足、失眠烦躁、心悸等症。

食用方法

鸡蛋的吃法很多，煎、炒、蒸、煮、冲等均可。除单用外，亦可配伍其他食物应用。如可用生地黄、麦门冬、百合煎汤取汁，冲入鸡蛋搅匀食用。

购存技巧

鲜鸡蛋的蛋壳上附着一层霜状粉末，蛋壳颜色鲜明、气孔明显属于新鲜之品。另外，对着日光看，新鲜蛋会呈微红色、半透明状态，蛋黄轮廓清晰。

鸡蛋可放在冰箱内保存，一般可以保鲜半个月。

番茄炒鸡蛋

材料

番茄…………………… 200克
鸡蛋…………………… 4个
小葱…………………… 20克
食用油、盐…………… 各适量

制作过程

1. 番茄洗净切成6块，小葱洗净切成段，蛋液中加适量盐搅匀备用。
2. 将蛋液倒入油锅中，以大火炒至蛋半熟时加入葱段，略炒后起锅。
3. 将番茄放入热油锅快炒，盖锅盖焖片刻，加入炒蛋，加盐调味即可。

注意事项

烹调时，番茄不要久炒，稍加点醋就能破坏其中的有害物质番茄碱。专家认为，缺乏维生素C是鸡蛋唯一的“短处”，搭配番茄是最佳方法，番茄可以弥补其不足。

宜忌

吃蛋必须煮熟，不要生吃。打蛋时也须提防沾染到蛋壳上的杂菌。毛蛋、臭蛋不能吃。冠心病患者不宜吃鸡蛋。老人及高胆固醇血症、肝炎患者忌食蛋黄。

银耳 yin'er

银耳又称白木耳、雪耳，是银耳科银耳属真菌银耳的子实体，是一种食用菌。4~9 月间采收。历代皇家贵族都将银耳看作“延年益寿之品”“长生不老良药”。

营养价值

银耳每 100 克含蛋白质 10 克、脂肪 1.4 克、碳水化合物 36.9 克、钙 36 毫克、铁 4.1 毫克。此外，还含有多种维生素和磷、钾、钠、镁等微量元素及银耳多糖等成分。

膳食价值

银耳具有补肾、润肠、益胃、补气、和血、滋阴、润肺、生津、补脑、美容等功效，适宜高血压、血管硬化、慢性支气管炎、肺心病、咽喉干燥、慢性肾炎、身体羸弱、病后产后虚弱、便秘等患者食用。

食用方法

在日常生活中，可以在煮粥、炖肉时放一些银耳，这样既享受美食，又能滋补身体。此外，银耳还可炒食、凉拌或制成糖水饮用。

购存技巧

银耳以色泽黄白、鲜洁发亮、瓣大形似梅花、气味清香、带韧性、胀性好、无斑点杂色、无碎渣者为佳。

贮存时应放入干燥容器内密封，置阴凉干燥处，注意防霉、防蛀。

银耳百合羹

材料

银耳…………………………… 25 克
百合…………………………… 50 克
莲子…………………………… 50 克
冰糖…………………………… 50 克

注意事项

烧煮前需先将银耳浸泡3～4小时，期间每隔1小时换一次水。烧煮时，应将银耳煮至浓稠状。经过浸泡、洗涤、烧煮之后，可以大大减少、甚至完全消除银耳中残留的二氧化硫。

制作过程

1. 莲子用温水浸软，除去心、皮，洗净；银耳、百合用温水泡发，洗净。
2. 将莲子放入沙锅，加入适量清水，用大火煮沸后，放入泡发的银耳、百合。
3. 用小火炖至汤汁稍黏，莲子熟烂时，加入冰糖，调匀即成。

宜忌

风寒咳嗽、出血症、糖尿病及湿热酿痰致咳者忌食银耳。此外，忌食霉变银耳，因为银耳霉变后产生的毒素对人体危害重大，严重者将导致死亡。

黑豆 heidou

黑豆又名黑大豆、乌豆、冬豆子，为豆科植物大豆的黑色种子，呈椭圆形、球形。我国各地均有栽培，以东北较多，10月份采收。

营养价值

黑豆营养价值很高，含有灰分、维生素A、维生素B_1、维生素B_2、维生素E、锌、膳食纤维、钙、硒、胡萝卜素、磷、铜、蛋白质、钾、脂肪、烟酸、等成分。同时又含有多种生物活性物质，如黑豆色素、黑豆多糖和异黄酮等。

膳食价值

黑豆具有消肿下气、润肺燥热、补血安神、美容养颜、明目健脾、补肾益阴、解毒等作用，用于水肿胀满、风毒、脚气、黄疸、浮肿、风痹、痉挛、产后风疼、尿频、腰酸、女性白带异常及下腹部阴冷等症。

食用方法

黑豆用途甚广，可作为粮食直接煮食，也可磨成豆粉食用。日常生活中，黑豆以混合食用居多，用以加工成各种面食。黑豆用于菜肴，适用于多种烹调方法，还可制成各种小吃。黑豆还可炸油、制酱、制豉、制豆腐等。

购存技巧

选购黑豆时，以豆粒完整、大小均匀、颜色乌黑者为好。黑豆去皮后一般有黄仁和绿仁两种，黄仁的是小黑豆，绿仁的是大黑豆。

黑豆宜存放在密封罐中密封，置于阴凉干燥处，不要让阳光直射。

黑豆甲鱼煲

材料

甲鱼…………………………1只
黑豆………………………30克
姜、葱、盐……………各适量

制作过程

1. 甲鱼用沸水烫后去内脏、脚爪，斩件洗净；黑豆、姜、葱洗净待用。
2. 将甲鱼件、姜、葱与黑豆同放于沙锅内加清水适量，置火上煮熟烂。
3. 加盐调味，起锅即可食用。

注意事项

洗黑豆时，最好用自来水不断冲洗，再浸泡5分钟，以清除黑豆表面残留的有害微生物。此外，不要把黑豆蒂摘掉，否则，残留的农药会随水进入黑豆内部，造成更严重的污染。

宜忌

黑豆炒熟后，热性大，多食者易上火，故不宜多食。黑豆不易消化，小儿不宜多食。黑豆忌与蓖麻子、厚朴同食。

胡萝卜 huluobo

胡萝卜又称甘笋、红萝卜，是伞形科植物胡萝卜的根，原产亚洲西南部，栽培历史在2000年以上。我国大部分地区有栽培，冬季采收，肉黄或红色。

营养价值

胡萝卜的营养成分极为丰富，含有蔗糖、淀粉、胡萝卜素、维生素B_1、维生素B_2、叶酸、多种氨基酸（以赖氨酸含量较多）、甘露醇、木质素、果胶、槲皮素、山奈酚、挥发油、咖啡酸及钙等多种矿物元素。

膳食价值

胡萝卜具有健脾消食、补肝明目、清热解毒、透疹、美容、降气止咳的功效，用于小儿营养不良、麻疹、夜盲症、便秘、高血压、肠胃不适、久痢、饱闷气胀等症。

食用方法

胡萝卜的食用方法很多，可生吃、绞汁；可单独或与别的食物炒、蒸、煮或凉拌，如：与豆腐、香菜、面粉等一起可做成“素丸子”。与羊肉一同烧制不仅除膻味，而且增加营养价值。

购存技巧

胡萝卜以表皮、肉质和芯柱均呈橘红色、芯细、形状短小、肉质厚为佳。

可把胡萝卜切掉顶上绿色的部分，然后放进塑料袋里（这是为了防止水分流失）密封，置于冰箱内贮存。

胡萝卜豆腐丸

材料

胡萝卜、豆腐…………… 各250克
盐、姜、水淀粉、葱、食用油…………………………………各适量

制作过程

1. 将胡萝卜洗净，剁成泥，与等量的豆腐混合后拌匀；姜洗净切丝，葱洗净切末。
2. 再加上盐、姜、葱末、水淀粉，拌匀后制成小丸子。
3. 放入油锅炸熟后便可食用。

注意事项

胡萝卜的营养精华在表皮，洗胡萝卜时不必削皮，只要轻轻擦拭即可。烹饪胡萝卜时，要多放点油，最好与肉类一块烹调，其效果会更好。

宜忌

胡萝卜不宜与白萝卜、人参、西洋参一同食用。体弱气虚者不宜食用胡萝卜。此外，不宜食用切碎后水洗或久泡于水中的胡萝卜。食用胡萝卜时不宜加醋，以免胡萝卜素损失。

熟地 shudi

熟地又名熟地黄，为玄参科植物地黄的块根经加工炮制而成。为不规则的块片、碎块，表面乌黑色，有光泽，黏性大，无臭，味甜。主产于河南、浙江等地。

营养价值

熟地含有地黄多糖、单糖、氨基酸、苷类、有机酸类、磷酸、豆甾醇、菜油甾醇及钾、钙、镁、铁等 20 多种微量元素。

膳食价值

熟地具有滋阴补血、益精填髓等功效，用于肝肾阴虚、腰膝酸软、骨蒸潮热、内热消渴、血虚萎黄、心悸怔忡、月经不调、崩漏下血、眩晕、耳鸣、须发早白等症。

食用方法

熟地可入丸剂、散剂，熬膏、泡酒服用，也可单独煎汤，或添加在其他食物中炖汤食用。

购存技巧

选购熟地应选择块根肥大、体重、色泽黑亮、质地柔软、有黏性、断面乌黑、味甜者为佳。

熟地应放入干燥、密封的容器内，放置在阴凉干燥的地方贮存，注意防霉、防潮、防蛀。

生熟地煲猪尾

材料

猪尾……………………… 400 克
生地……………………… 15 克
熟地……………………… 15 克
猪脊骨…………………… 500 克
猪小肘…………………… 200 克
蝎子……………………… 20 克
姜………………………… 10 克
玉竹……………………… 10 克
党参……………………… 10 克
盐………………………… 适量

制作过程

1. 将猪尾、猪脊骨、猪小肘斩件洗净；姜洗净去皮，生地、熟地、蝎子、玉竹、党参洗净。
2. 沙锅烧水，待水沸时，将猪尾、猪脊骨、猪小肘烫去表面血渍，用清水冲净。
3. 沙锅一个，放入猪脊骨、猪小肘、猪尾、生地、熟地、蝎子、姜、玉竹、党参，加入适量清水，煲 2 小时后调入盐即可。

注意事项

洗蝎子时，用胶袋盛装生蝎子，放入开水片刻，洗净即可。

宜忌

凡脾胃虚弱、气滞痰多、脘腹胀满及食少便溏者忌食熟地。熟地忌与萝卜、葱白、韭白等食物同食。炖熟地时不要用铜、铁器。

香菇 xianggu

香菇又名厚菇、花菇、冬菇等，为真菌植物门真菌香蕈的子实体，是世界上著名的食用菌之一。它含有一种特有的香味物质：香菇精，形成独特的菇香，所以称为“香菇”。

营养价值

香菇是我国著名食用菌，素有“山珍”之称，含有脂肪、碳水化合物、膳食纤维、灰分、钙、磷、铁、维生素 B_1、维生素 B_2、烟酸、粗蛋白、水溶性物质、粗脂肪等营养成分。

膳食价值

香菇具有益胃气、托痘疹、滋阴的功效，适宜气虚头晕、贫血、抵抗力下降、高血脂症、高血压、动脉硬化、糖尿病、肥胖病、急慢性肝炎、脂肪肝、胆结石、便秘、肾炎等患者食用。

食用方法

香菇食法丰富，可炒、煮、烩、蒸。常与肉、禽蛋类共炒，如和鸡蛋或肉丝一起炒食。也可作面条、馄饨的汤料等。

购存技巧

香菇以体圆齐整、菌伞肥厚、盖面平滑、质干不碎的为佳。

可把香菇装在容器密封后置于低温通风处贮存，并避免强光照射，也可以把香菇放在冰箱或冷库中贮存。

香菇蒸滑鸡

材料

鸡……………………………………半只
香菇………………………………100 克
姜、葱、酱油、盐、鱼露、食用油、枸杞子、淀粉……………………各适量

注意事项

把香菇泡在水里，用筷子轻轻敲打，泥沙就会掉入水中。如果香菇比较干净，只须用清水冲净即可，这样可以保存香菇的鲜味。

制作过程

1. 鸡洗净切小块，香菇洗净切块，葱、姜洗净切丝待用，枸杞子洗净。
2. 姜丝拌入鸡块，加入盐、酱油、鱼露、淀粉，最后倒入较多量食用油，腌制半小时。
3. 加入香菇、葱丝、枸杞子，上锅蒸 10 分钟后盖上盖，焖两三分钟即可。

宜忌

香菇为动风食物，顽固性皮肤瘙痒症、脾胃寒湿气滞或皮肤瘙痒的患者忌食香菇。香菇不宜和鹌鹑肉、鹌鹑蛋同食，否则面部易长黑斑。

鸽肉 gerou

鸽为鸠鸽科动物原鸽、家鸽或岩鸽。原鸽、岩鸽产于我国北部。家鸽，我国大部分地区有饲养。鸽肉营养价值极高，既是名贵的美味佳肴，又是高级滋补佳品。

营养价值

鸽肉被称为“动物人参”，含有蛋白质、碳水化合物、多种氨基酸、钙、磷、铁、钾、钠、维生素 B_1、维生素 B_2、泛酸等营养成分。

膳食价值

鸽肉有补肝壮肾、益气补血、养颜美容、清热解毒、延年益寿、生津止渴及增强性机能等功效，对毛发脱落、子宫或膀胱倾斜、动脉硬化、神经衰弱、腰腿疼痛等有食疗效果。

食用方法

鸽肉鲜嫩美味，可炖、炸、烤，也可煮粥，做小吃等。鸽肉四季均可入馔，但以春天、夏初时最为肥美。

购存技巧

鸽肉以无鸽痘、皮肤无充血痕迹、有弹性、表皮有光泽、无异味者为佳。

鸽肉比较容易变质，购买后要马上放进冰箱里。如果吃不完，鸽肉宜煮熟保存。

西瓜乳鸽

材料

小西瓜……………………… 1个
乳鸽…………………… 500克
料酒、盐、葱、生姜、食用油、清水…………………… 各适量

制作过程

1. 将西瓜洗净，在瓜蒂处切开顶盖，用汤匙挖出瓜瓤；将乳鸽宰杀洗净，剁小块；葱、生姜洗净分别切成段、片。
2. 锅中倒入油烧热，放入葱、生姜煸香，再放入乳鸽块、盐、料酒和清水，将鸽肉烧至八成熟，起锅。
3. 将上述原料倒入西瓜壳内，加顶盖，用绵纸封口，上蒸笼蒸1小时即可。

注意事项

鸽肉以清蒸或煲汤为最好，这样能使营养成分保存得最为完好。油炸鸽子时应佐以蜂蜜、甜面酱、五香粉和熟花生油，这样味道更佳。

宜忌

性欲旺盛者、肾功能衰竭者和孕妇不宜食用鸽肉。鸽肉忌与猪肉同食，同食会使人滞气。

鳖肉 bierou

鳖肉为鳖科动物中华鳖的肉。鳖又称甲鱼、团鱼。我国除西藏、青海、宁夏尚未发现外，各地均有出产。雄性较扁，尾较长，末端露出甲边；雌性则相反。

营养价值

鳖肉含有蛋白质、脂肪、碳水化合物、灰分、钙、磷、铁、维生素 A、维生素 B_1、维生素 B_2、维生素 D、烟酸、动物胶、角蛋白等营养成分。

膳食价值

鳖肉以滋阴著称，具有滋阴清热、平肝熄风、软坚散结的功效，可治劳热骨蒸、阴虚风动、经闭经漏、月经量多色淡、久疟、久痢、妇人带下等疾。

食用方法

鳖肉可单独或配以羊肉等食物及中药炖汤、红烧食用。此外，鳖肉也可入丸剂。

购存技巧

鳖以外形完整、无伤无病、肌肉肥厚、腹甲有光泽、背甲肋骨模糊、裙厚而上翘、四腿粗而有劲、动作敏捷的为优等。

鳖肉宜用保鲜纸包好放入冰箱冷冻保鲜。

川贝甲鱼

材料

甲鱼……………………………500 克
川贝母……………………………5 克
鸡清汤…………………… 1000 毫升
料酒、盐、生姜、葱…………各适量

制作过程

1. 甲鱼宰杀洗净，切块，入蒸钵；生姜洗净切片，葱洗净切段。
2. 加入鸡清汤、川贝母、盐、料酒、生姜、葱。
3. 上蒸笼蒸 60 分钟即成。

注意事项

鳖肉极易消化吸收，产生热量较高，营养极为丰富，最适合煮汤饮用。甲鱼四周下垂的柔软部分，称为“鳖裙”，是甲鱼周身最鲜、最嫩、最好吃的部分。

宜忌

鳖肉滋腻，食欲不振、消化功能减退、感冒、产后虚寒、脾胃虚弱、慢性肠炎、慢性痢疾、慢性腹泻便溏、肝炎患者及孕妇不宜食用。鳖肉不宜与猪肉、兔肉、鸭肉、鸡蛋同食。

蟹 xie

蟹又称螃蟹，是十足目短尾次目的甲壳动物，约有 4500 种，见于海洋、江河湖泊。蟹的尾部与其他十足目动物（如虾、龙虾等）不同，卷曲于胸部下方，通常以爬行的方式移动。

营养价值

蟹含有蛋白质、脂肪、灰分、维生素 B_1、维生素 B_2、烟酸、钾、钠、钙、镁、铁、锰、锌、铜、磷、硒等营养成分，是一种高蛋白补品，对滋补身体很有益处。

膳食价值

蟹具有清热解毒、补骨添髓、养筋活血、通经络、利肢节、续绝伤、滋肝阴、充胃液的功效，对淤血、损伤、黄疸、腰腿酸痛、风湿性关节炎等症有食疗效果。

食用方法

螃蟹可以用来蒸、煮、炸或制成小吃、馅心。在煮食螃蟹时，宜加入一些紫苏叶、鲜生姜等佐料，用来解蟹毒以及减其寒性。

购存技巧

蟹以壳背黑绿发亮、肚脐凸、螯足绒毛丛生、有活力的为佳。

买回的蟹最好尽早吃掉。若一时吃不完，可把活蟹用麻绳捆起来，然后放入冰箱冷藏。

煮丝瓜蟹肉

材料

丝瓜…………………… 120克
蟹肉…………………… 40克
姜片、盐、食用油、高汤
…………………………… 各适量

制作过程

1. 将丝瓜洗净，去皮去瓤，切成条块；蟹肉洗净。
2. 将丝瓜放入开水中稍微烫熟后取出，过滤水分。
3. 锅中放油烧热，倒入高汤，加盐、姜片，放入丝瓜条，再放蟹肉稍煮片刻即可。

注意事项

蟹的鳃、沙包、内脏含有大量细菌和毒素，吃时一定要去掉。蒸蟹时应将蟹捆住，以防止蒸后掉腿和流黄。生螃蟹去壳时，先用开水烫3分钟，这样蟹壳就很容易取下。

宜忌

伤风、发热、胃痛、腹泻、慢性胃炎、十二指肠溃疡、胆囊炎、胆结石、肝炎、冠心病、高血压、动脉硬化、高血脂等患者和过敏体质的人不宜吃蟹。另外，醉蟹或未熟透的蟹不宜食用。

牡蛎 muli

牡蛎又称蛎蛤、牡蛤，个头较大的又叫生蚝，属双壳类软体动物。牡蛎晒干后可制成蚝豉。因为味道鲜美，它被称为“海洋牛奶”。而在希腊传说中，牡蛎是代表爱情的食物。

营养价值

牡蛎营养丰富，含有蛋白质、脂肪、钾、钠、钙、镁、铁、铜、磷、碘、维生素 A、维生素 B_1、维生素 B_2 等成分，其中含锌量之高为其他食物之冠。

膳食价值

牡蛎味咸，性微寒，具有平肝潜阳、安神、软坚散结、收敛固涩的功效，主治眩晕耳鸣、手足振颤、心悸失眠、烦躁不安、自汗盗汗、遗精、尿频、崩漏带下、湿疹疮疡等症。

食用方法

牡蛎的食用方法较多，鲜牡蛎肉通常有清蒸、鲜炸、生炒、炒蛋、煎蚝饼、串鲜蚝肉和煮汤等多种食法。牡蛎肉亦可加工成干品，包括熟蚝豉和生晒蚝豉。

购存技巧

牡蛎以体大肥实、个体均匀、颜色淡黄者为上品。煮熟的牡蛎，壳是稍微打开的，说明煮之前是活的。

牡蛎在 0 ℃以下的时候，最多可以存活 5 ~ 10 天，但是口感会变差；所以尽量不要存放，最好现买现吃。

节瓜蚝豉瘦肉汤

材料

节瓜……………………………500 克
蚝豉（牡蛎的干品）………… 50 克
猪瘦肉…………………………500 克
生姜…………………………… 10 克
猪脊骨…………………………400 克
盐……………………………… 10 克

注意事项

蚝豉泡发的方法：将少许小苏打粉溶于事先准备好的热水中，然后放入蚝豉浸泡至软。这样不但容易洗干净，而且能去掉蚝豉的异味。

制作过程

1. 蚝豉浸水 2 小时后洗净，节瓜、猪瘦肉洗净切块，生姜洗净去皮，猪脊骨洗净斩件。
2. 沙锅烧水，待水沸时，煲净猪脊骨、猪瘦肉血渍。
3. 沙煲一个，放入猪脊骨、节瓜、猪瘦肉、生姜、蚝豉，注入适量清水，煲 2 小时后调入盐即可食用。

宜忌

牡蛎与芹菜同食会降低锌的吸收；牡蛎也不宜与啤酒同食，否则会引起痛风。癞疮、脾虚精滑者忌吃牡蛎。

阿胶 ejiao

阿胶又称傅致胶、驴皮胶、盆覆胶，为马科动物驴的皮去毛后熬制而成的胶块。主产山东、浙江等地，其中浙江产量最大，山东东阿县阿胶最为著名。

营养价值

阿胶的主要成分是蛋白质，其水解后可产生赖氨酸、精氨酸、组氨酸、天门冬氨酸等。此外，还含有钾、钠、镁、铜、锌、铬、钼、锶等 10 多种微量元素。

膳食价值

阿胶具有补血、止血、滋阴润燥的功效，用于血虚萎黄、眩晕、 心悸等症，尤其对女性月经不调、经血不断、妊娠下血等有很好的食疗功效。

食用方法

可将阿胶砸碎冲牛奶、开水饮用，也可将阿胶砸碎置于带盖的容器内隔水蒸制食用，还可于煮粥、炒菜、炖汤时加入阿胶。

购存技巧

阿胶以乌黑、光亮、透明、无腥臭味、经夏不软者为佳。

贮存时可把阿胶放于木箱（盒）内，箱底放少许石灰或其他吸潮剂，这样可防止阿胶因受潮而结饼、发霉。

阿胶牛肉汤

材料

阿胶……………………… 15克
牛肉……………………… 100克
生姜……………………… 10克
米酒…………………… 20毫升
盐…………………………… 适量

制作过程

1. 牛肉去血筋，洗净切片；阿胶用刀背敲碎。
2. 牛肉与生姜、米酒一同放入炖盅，加清水适量，小火煮30分钟。
3. 加入阿胶及盐，溶解后即可喝汤吃肉。

注意事项

有人认为牛肉开始腐烂时味道最为鲜美，其实，这是极为荒唐的说法。牛肉一般存放期限以一周为宜。同时，为了防止氧化而变质，牛肉应置于冰箱内保存。

宜忌

阿胶忌油腻食物。凡脾胃虚弱、呕吐泄泻、腹胀、便溏、咳嗽痰多、感冒等患者忌食阿胶。孕妇、高血压、糖尿病患者应在医师指导下服用阿胶。

墨鱼 moyu

墨鱼学名乌贼，又名冬鸡，是贝的一种，而不是鱼类，属软体动物门头足纲十腕目乌贼科。乌贼遇到强敌时会以“喷墨”作为逃生的方法，伺机离开，因而有“乌贼”“墨鱼”的名称。

营养价值

墨鱼含有蛋白质、脂肪、碳水化合物、维生素 A、B 族维生素及钙、磷、铁等人体所必需的营养成分，是一种高蛋白低脂肪的滋补食品。

膳食价值

墨鱼具有养血、通经、催乳、补脾、益肾、滋阴、调经、止带之功效，用于治疗妇女经血不调、水肿、湿痹、痔疮、脚气等症。

食用方法

墨鱼可炒、蒸、煮、炖，还可制成圆溜、雪白、鲜美的墨鱼丸，也可以做成干品食用。其中，墨鱼丸是鱼丸中的上品和烹汤佳料。

购存技巧

挑选生墨鱼时，宜选择色泽鲜亮洁白、无异味、无黏液、肉质富有弹性的为好。墨鱼干以干燥、有海腥味，但没有腥臭味的为佳。

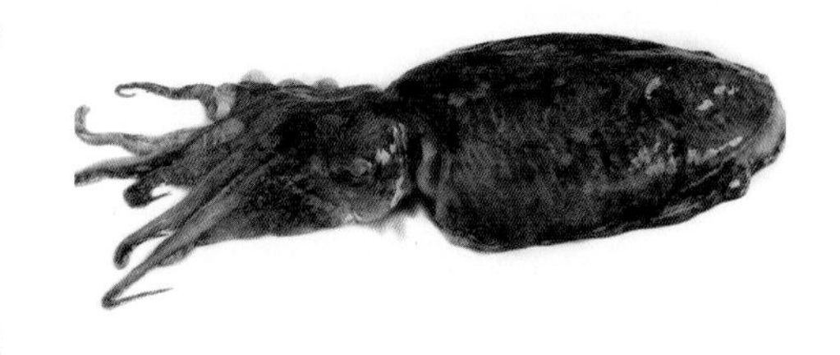

新鲜墨鱼可以去除表皮、内脏和墨汁后，清洗干净，用保鲜膜包好，放入冰箱冷藏。墨鱼干可用塑料袋装严实放在干燥通风的地方贮存。

河虾烧墨鱼

材料

墨鱼…………………………… 200 克
河虾……………………………… 80 克
芥蓝…………………………… 100 克
生姜、食用油、盐、味精、蚝油、水淀粉、香油……………………………各适量

制作过程

1. 墨鱼洗净切刀花，河虾去掉虾枪洗净，生姜洗净去皮切小片，芥蓝洗净切片。
2. 将油倒入锅中烧热，放入墨鱼、河虾炸至八成熟倒出。
3. 锅内留底油，放入姜片、芥蓝煸炒片刻，投入墨鱼、河虾，加入盐、味精、蚝油，用大火炒至入味，然后用水淀粉勾芡，淋上香油即可。

注意事项

墨鱼要洗净沙。如果是煲汤，中途不要揭盖，否则不香。炒芥蓝时间要长些，因为芥蓝梗粗，不易熟透。

宜忌

墨鱼属动风发物，脾胃虚寒、高血脂、高胆固醇血症、动脉硬化、肝病、湿疹、荨麻疹、痛风、肾脏病、糖尿病、易过敏者等患者忌食。

鸭肉 yarou

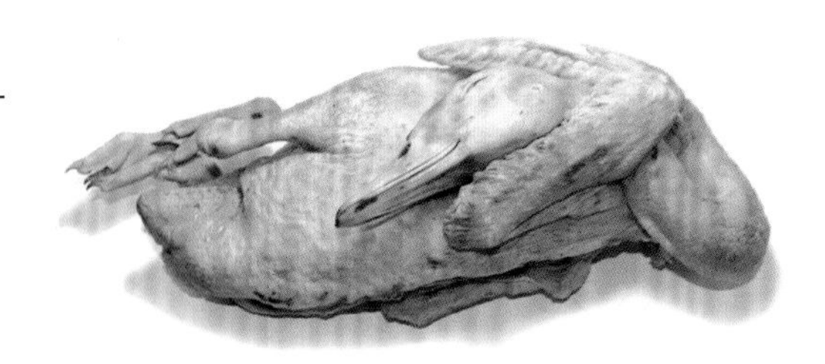

鸭是主要家禽之一。喜合群，善游泳，主食谷类、蔬菜、鱼、虫等，别名鹜、家凫、扁嘴娘、白鸭。鸭肉是餐桌上的佳肴美食，也是人们进补的优良食品。

营养价值

鸭肉含有蛋白质、脂肪、泛酸、碳水化合物、胆固醇、维生素 A、维生素 B_1、维生素 B_2、维生素 E、烟酸、钙、磷、钾、钠、镁、铁、锌、硒、铜、锰等成分。

膳食价值

鸭肉味甘、咸，性微凉，有补阴益血、清虚热、利水等功效，适用于虚劳骨蒸、发热、咳嗽痰少、咽喉干燥、血虚或阴虚阳亢、头晕头痛、水肿、小便不利等症。

食用方法

鸭肉是一种美味佳肴，可煮、炒、烤、蒸、焖等，并可制成烤鸭、板鸭、香酥鸭、鸭骨汤、熘鸭片、熘干鸭条、炒鸭心花等上乘佳肴。

购存技巧

鸭肉以表面光滑、呈乳白色、肉质结实而有香味的为佳。

可把鸭肉放入保鲜袋内，置冰箱内冷冻保存。

香芋焖鸭

材料

芋头…………………………1个
光鸭……………………400克
香菇……………………10克
姜、葱、食用油、盐、生抽、
蚝油……………………各适量

制作过程

1. 芋头去皮洗净，切成块；光鸭洗净斩成件；香菇浸发后洗净切成片；姜、葱洗净分别切片、段。
2. 锅内放油烧热，放入芋头块炸至金黄色捞出；接着放入鸭块滑油，捞出。
3. 另起锅，放入姜片、葱段爆香；投入炸过的芋头和鸭块，加入香菇翻炒；加盐、生抽、蚝油，加水焖至汁尽收干，出锅即可。

注意事项

剥洗芋头时，手部皮肤会发痒，因此剥洗芋头时最好戴上手套，以防伤及手部皮肤。

宜忌

身体虚寒、不思饮食、胃部冷痛、腹泻清稀、腰痛、寒性痛经及肥胖症、动脉硬化、慢性肠炎、感冒患者不宜食用鸭肉。鸭肉不能与龟肉、鳖肉同食。

乌鸡肉 wujirou

乌鸡又名乌骨鸡、药鸡，被人们称为“黑了心的宝贝”。乌鸡肉是一种优良的烹饪原料，肉质细嫩，味道鲜美，营养价值远远高于普通鸡肉。

营养价值

乌鸡肉含有蛋白质、赖氨酸、蛋氨酸、组氨酸、黑色素、多种维生素以及硒、铁、铜、锰等微量元素，而胆固醇含量极低，是高蛋白、低脂肪的滋补佳品。

膳食价值

乌鸡肉具有补血益阴、退热除烦的功效，适用于羸弱盗汗、身倦食少、消渴咽干、五脏烦热等症。是妇科良药，专治妇女虚劳所致的月经不调、腰膝酸软等疾病。

食用方法

乌鸡肉可炒可炖，也可与其他食物、药材一起烹制。最好是连骨（砸碎）熬汤，滋补效果最佳。不宜用高压锅炖汤，应用沙锅小火慢熬。

购存技巧

好的乌鸡肉乌黑有光泽、肉质润滑有弹性。

乌鸡肉可用保鲜袋包装好后放入冰箱冷冻保存。

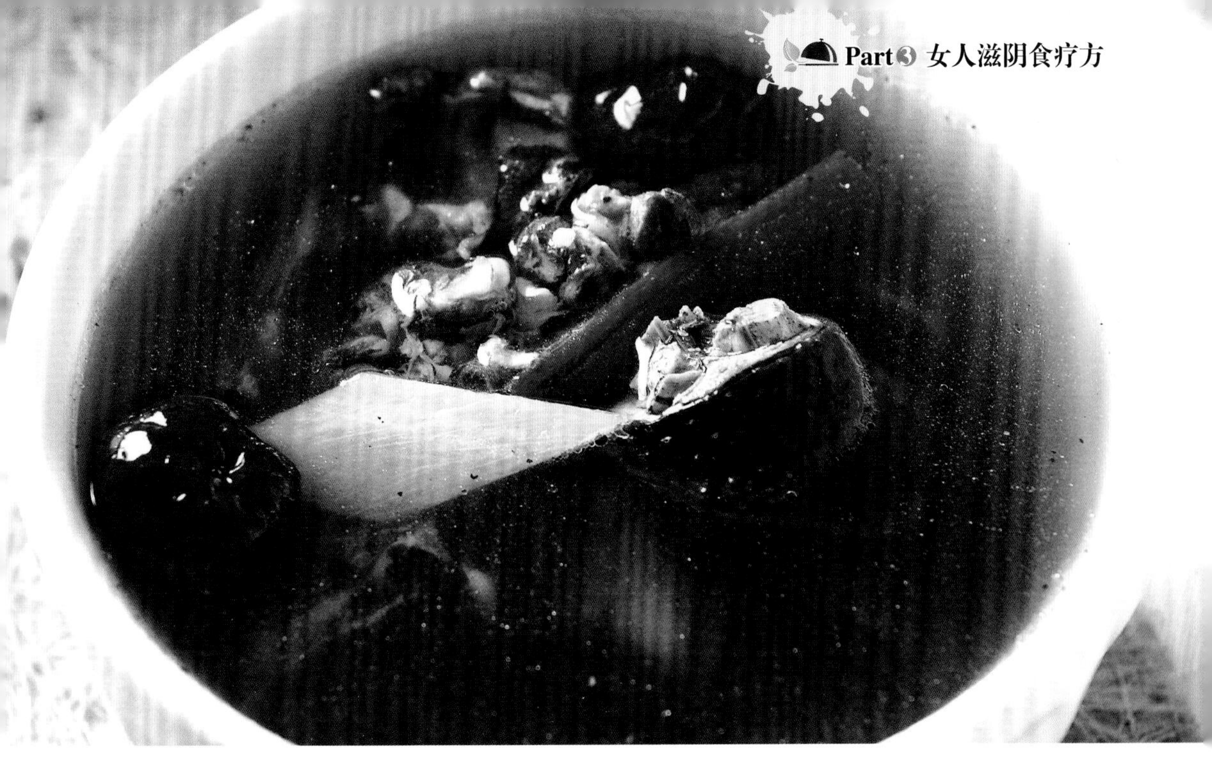

乌鸡炖海螺肉

材料

海螺肉……………………… 100 克
乌鸡肉……………………… 200 克
无花果……………………… 20 克
红枣………………………… 15 克
姜…………………………… 10 克
葱…………………………… 10 克
盐…………………………… 6 克
鸡粉………………………… 3 克

制作过程

1. 将海螺肉处理干净切块，乌鸡肉洗净斩成块，姜去皮洗净切片，葱洗净切段。
2. 锅内烧水，待水开时，投入海螺肉、乌鸡肉。用中火氽水，烫去腥味血渍，倒出洗净。
3. 另取炖盅一个，加入海螺肉、乌鸡肉、无花果、红枣、姜、葱、盐、鸡粉，注入适量清水，加盖炖约 3 小时，即可食用。

注意事项

秋冬之时多吃乌鸡肉，能提高人的免疫力。乌鸡肉的维生素 E 含量较多，若搭配富含 B 族维生素的食物食用，对增进体力大有裨益。

宜忌

乌鸡肉虽是补益佳品，但多食会生痰助火，生热动风，故邪气亢盛、邪毒未清和严重皮肤病、感冒患者及体肥者不宜食用。

鹌鹑肉 anchunrou

鹌鹑简称鹑，是一种头小、尾巴短、不善飞的赤褐色小鸟，为雉科动物。鹌鹑肉是典型的高蛋白、低脂肪、低胆固醇食物，可与补药之王人参相媲美，誉为“动物人参”。

营养价值

鹌鹑肉营养丰富，含有蛋白质、碳水化合物、维生素 A、维生素 B_1、维生素 B_2、维生素 E、烟酸、钾、钠、钙、铁、锌、磷、硒等营养成分。

膳食价值

鹌鹑肉具有补中益气、清利湿热等功效，适宜于营养不良、体虚乏力、贫血头晕、肾炎浮肿、泻痢、高血压、肥胖症、动脉硬化症等患者食用。

食用方法

鹌鹑肉适用于炸、炒、烤、焖、煮等烹调方法，如“香酥鹌鹑”“芙蓉鹑丁”“烤鹌鹑”。此外，鹌鹑肉也可用作补益药膳的主料。

购存技巧

皮肉光滑、嘴柔软的是嫩鹌鹑，肉质较好；鹌鹑皮起皱、嘴坚硬的是老鹌鹑，肉质较差。

鹌鹑肉可置于冰箱冷冻保存。

蒸鹌鹑

材料

鹌鹑…………………………3只
姜、红枣、葱…………各少许
生抽、食用油、盐、味精、料酒、
淀粉……………………各适量

制作过程

1. 鹌鹑宰杀好洗净，姜洗净切片，葱洗净切段。
2. 将所有材料放在碗中，拌匀；再放入适量淀粉拌匀。
3. 将拌匀的原料铺于碟中，放入蒸笼蒸约10分钟即可。

注意事项

鹌鹑肉质非常嫩，一烧就酥。如果不用油炸一下，放在水中煮一会就散了，也没有嚼劲，所以应先将鹌鹑肉油炸一下，再炖汤。

宜忌

鹌鹑肉和猪肉不宜一起食用，否则会导致面黑。另外，鹌鹑肉也不能与猪肝、蘑菇、木耳同食。感冒、发热者忌食鹌鹑肉。

益母草 yimucao

益母草为唇形科一年或二年生草本，又名茺蔚、坤草，夏季开花。生于山野荒地、田埂、草地等，我国大部分地区均有分布。以全草入药，是历代医家用来治疗妇科病之要药。

营养价值

益母草含有生物碱、蛋白质、碳水化合物、亚麻酸、月桂酸、油酸、维生素A、精氨酸、水苏糖、硒、锰等成分。

膳食价值

益母草性凉，味辛、苦，具有活血、化瘀、调经、消水的功效，可治月经不调、浮肿下水、尿血、痢疾、痛经、经闭、恶露不尽、急性肾炎、水肿等症。

食用方法

益母草的食用方法很多，可煎汤、熬膏、入丸剂内服，还可以搭配其他食材做出美味食例。此外，益母草亦可制成茶饮用。

购存技巧

鲜益母草以叶、茎嫩为好，干益母草以新鲜、干燥且完整饱满、有天然清香为优。

干益母草应置于干燥处贮存，鲜益母草宜置于阴凉潮湿处保存。

益母草炖鱼肚

材料

益母草…………………………20克
猪小肘…………………………500克
鸡爪…………………………100克
鱼肚…………………………100克
生姜…………………………10克
枸杞子…………………………10克
葱…………………………5克
盐…………………………适量

制作过程

1. 将猪小肘、鸡爪洗净切块，益母草、枸杞子、葱洗净，生姜洗净去皮；鱼肚先用清水泡2小时，再用沸水泡2小时。
2. 锅内烧水，待水沸时放入猪小肘、鸡爪汆去血渍。
3. 洗净炖盅，放入猪小肘、益母草、生姜、鱼肚、枸杞子、鸡爪、葱，加入清水适量，炖2.5小时后调入盐即可食用。

注意事项

益母草烹调前应先去除杂质，然后用清水洗净，切成段再煮食。益母草可只取汁液来烹调。

宜忌

阴虚血少、月经过多、寒滑泻痢者及孕妇禁食益母草。烹调益母草时不宜用铁器。

红枣 hongzao

红枣又名大枣，是枣树的成熟果实，经晾、晒或烘烤干制而成，果皮红或紫红色，是“五果”（桃、李、梅、杏、枣）之一。红枣是中国的名优特产，据考证，在我国已有8000多年历史。

营养价值

红枣含有蛋白质、脂肪、糖、钙、磷、铁、镁及丰富的维生素A、维生素B_1、维生素B_2、维生素C、维生素P、胡萝卜素和18种氨基酸等营养成分。

膳食价值

红枣具有补中益气、养血安神、缓和药性的功效，能促进女性荷尔蒙的分泌，促进女性胸部发育，对脾胃虚弱、腹泻、倦怠无力、胃胀、呕吐、女性躁郁、心神不宁等症有疗效。

食用方法

红枣的食用方法有很多，可生吃、熟食，蒸、炖、煨、煮均可。最常见的方法是将红枣煎水服用，这样既不会影响保肝的药效，又可以避免生吃所引起的腹泻。

购存技巧

红枣以坚实、干燥、肉质细致、肉色淡黄、没有线条相连、甜味的为佳。

贮存时可把红枣放入容器内密封，置于阴凉干燥处。

红枣鸡蛋汤

材料

腐竹皮…………………… 100克
红枣……………………… 5枚
鸡蛋……………………… 1个
冰糖……………………… 适量

制作过程

1. 将腐竹皮洗净泡水至软，鸡蛋磕在碗里搅匀待用，红枣洗净去核。
2. 锅中注入清水适量，放入腐竹皮、红枣、冰糖，用小火煮30分钟。
3. 再加入鸡蛋搅匀即可。

注意事项

新鲜的红枣不宜热水冲泡或煎煮。这是因为用热水或煎煮会严重破坏红枣所含的维生素C。泡水泡茶时宜选用大个的红枣，最好是将其撕成几瓣泡。熬粥、泡酒等则大小红枣皆可。

宜忌

湿盛、脘腹胀满、湿热重、舌苔黄、糖尿病、食积、便秘、龋齿、牙痛、痰热咳嗽等患者不宜食红枣。红枣皮纤维含量很高，不容易消化，吃时一定要充分咀嚼，不然会影响消化。

石斛 shihu

石斛又名石斛兰，为兰科植物之一。主要品种有金钗石斛、密花石斛、鼓槌石斛等。我国云南、广西、广东、贵州、台湾有分布。以茎入药，全年均可采收。

营养价值

石斛含有生物碱、黏液质、淀粉等营养成分，其中生物碱主要成分为石斛碱、石斛次碱、6-羟基石斛碱、石斛醚碱、6-羟基石斛醚碱、4-羟基石斛醚碱、次甲基石斛素。

膳食价值

石斛味甘，性微寒，具有养阴清热、益胃生津的功效，适用于热伤津液、低热烦渴、舌红少苔、胃阴不足、口渴咽干、呕逆少食、胃脘隐痛、舌光少苔、视物昏花等症。

食用方法

石斛可单独煎汤食用，也可熬膏、入丸、入散、泡茶、泡酒食用。此外，还可与其他食材搭配制作药膳。

购存技巧

石斛干品以棕黄色、咀嚼时粘嘴、纤维和渣子少、有淡淡甘味的为佳。

鲜石斛可放入冰箱内贮存，温度为3～5℃为宜；干石斛可置于阴凉通风干燥处保存。

石斛麦冬养胃汤

材料

猪瘦肉……………………………500克
石斛……………………………… 10克
麦冬……………………………… 15克
红枣……………………………… 5克
生姜片、盐、鸡粉……………各适量

制作过程

1. 猪瘦肉洗净，切块。石斛、麦冬、红枣洗净。
2. 用锅烧水至开后，放入猪瘦肉烫去血渍，再捞出洗净。
3. 把全部材料一起放入煲内，加入清水适量，大火煮沸后改小火煲约2小时，调味即可。

注意事项

在烹调此汤时，石斛和麦冬最好用鲜品，这样效果会更好。石斛需要煎熬较长时间，才能食用。此外，要注意石斛的用量，干品一般用量6～12克，鲜品一般15～32克。

宜忌

糖尿病、肥胖属湿浊内盛、脾胃虚寒（胃酸分泌过少）及热病等患者不宜食用石斛。石斛不宜与凝水石、巴豆、僵蚕、雷丸同食。

枸杞子 gouqizi

枸杞子又名地骨子、杞子、甘杞子，为茄科植物枸杞子的干燥成熟果实。浆果呈鲜红色，形似纺锤。是宁夏的传统名牌出口商品，历史上曾是皇室贡品，也是一种名贵中药。

营养价值

枸杞子的营养成分十分丰富，不仅含有铁、磷、钙等成分，还含有大量糖、脂肪、蛋白质、氨基酸、多糖色素、维生素、甾醇、甙类等。

膳食价值

枸杞子具有润肺清肝、补肾、益气、生精、祛风、明目、强筋骨的功效，适用于头昏、目眩、耳鸣、视力减退、虚劳咳嗽、腰脊酸痛、糖尿病等症。常食枸杞子可以提高皮肤吸收养分的能力，起到美容作用。

食用方法

枸杞子可用来入药、泡茶、泡酒。但要注意的是，枸杞子泡茶不宜与绿茶搭配。

枸杞子还可煮粥，与羊肉一起炖汤。家常炒菜时如果加入枸杞子，可使菜肴味道更鲜美。

购存技巧

新疆枸杞子个圆、含糖量高、颜色发紫；宁夏枸杞子则粒大、肉厚、皮薄、甘甜、鲜红、药效高。选购枸杞子宜选略带紫色、没有异味、口感甜润、无苦涩味的。

贮存枸杞子应置于阴凉干燥处，以防潮、防虫蛀。

枸杞子党参乌鸡

材料

乌鸡………………………… 1只
枸杞子、党参……… 各15克
姜片、葱段、盐、味精
…………………………… 各适量

制作过程

1. 乌鸡宰杀去爪，去尾部，从背部剖开，去内脏，清水洗净。枸杞子放清水浸泡洗净。党参洗净切段。
2. 锅置火上，放清水煮沸，放入乌鸡用小火煮15分钟，捞出；鸡汤待用。乌鸡放清水冲洗，同党参、枸杞子放入汤碗内。
3. 倒入乌鸡汤，加姜片、葱段、盐入笼蒸30分钟，加味精蒸5分钟即成。

注意事项

新鲜的枸杞子一般颜色都柔和、有光泽、肉质饱满。而被染色的枸杞子多是陈货，肉质较差、无光泽，外表却鲜艳诱人。所以，选取枸杞子的时候一定不要以表皮颜色论优劣。

宜忌

脾虚泄泻、感冒、发热等患者不宜食用枸杞子。有酒味的枸杞子说明已经变质，不可食用。

当归 danggui

当归属伞形科多年生草本植物。分布于甘肃、云南、四川、青海、陕西、湖南、湖北、贵州等地，全国各地均有栽培。当归的根可入药，是常用的一种中药。

营养价值

当归含有藁本内脂、正丁烯、内酯、当归酮、阿魏酸、烟酸、蔗糖、多糖、多种氨基酸、维生素 B_{12}、维生素 E 及锰、锌、铜、镍等微量元素。

膳食价值

当归是治疗女性疾病的良药，具有补血活血、调经止痛、润肠通便的功效，适用于血虚萎黄、眩晕心悸、月经不调、经闭、痛经、虚寒腹痛、肠燥便秘、风湿痹痛、跌仆损伤、痈疽疮疡等症。

食用方法

当归可作为配方入汤剂煎服或泡酒喝；也可与其他食物搭配煮粥、炖汤，如“当归羊肉汤”。对产后气血虚亏、发热自汗、肢体疼痛有很好的疗效。

购存技巧

当归以主根粗长、油润、外皮黄棕色、肉质饱满、断面黄白色、气味浓郁者为佳。

贮存时应把当归放在阴凉干燥处，最好温度在 28 ℃以下，发现有吸潮或轻度霉变、虫蛀的现象，要及时晾晒。

当归猪血莴笋汤

材料

当归……………………………… 15 克
猪血……………………………… 500 克
莴笋……………………………… 200 克
姜片、鲜汤、料酒、盐、味精
……………………………… 各适量

注意事项

从营养角度来说，莴笋不应挤干水分，这会失去大量水溶性维生素。高胆固醇血症、肝病、高血压、冠心病患者应少食猪血。

制作过程

1. 将猪血洗净，切大块。
2. 莴笋去皮、叶，洗净后切片；当归洗净待用。
3. 将鲜汤入锅，加当归、姜片煮沸，放入莴笋，再沸后加入猪血、料酒、盐，沸后加味精调拌即成。

宜忌

月经过多、热盛出血、阴虚内热、慢性肠胃炎、湿盛中满、感冒、大便溏泄等患者和孕妇不宜食用当归。另外，高血压、高血脂、高血糖的患者慎食当归。

蛤蜊 geli

蛤蜊有花蛤、文蛤、西施舌等诸多品种，属于软体动物。壳卵圆形，淡褐色，边缘紫色。生活在浅海底。其肉质鲜美无比，被称为“天下第一鲜”。江苏民间还有“吃了蛤蜊肉，百味都失灵”的说法。

营养价值

蛤蜊营养相当丰富，含有蛋白质、脂肪、碳水化合物、铁、钙、磷、碘、维生素、氨基酸和牛磺酸等多种成分，是一种低热能、高蛋白的理想食物。

膳食价值

蛤蜊味咸，性寒，具有滋阴润燥、利尿消肿、软坚散结的功效，适宜咳嗽、咯血、阴虚盗汗、体质虚弱、营养不良、淋巴结肿大、甲状腺肿大、糖尿病、红斑狼疮、干燥综合征等患者食用。

食用方法

蛤蜊可单独或搭配其他食材炖汤、炒食，也可取其肉煮粥。常见菜例有火焰蛤蜊、芙蓉蛤蜊、芦笋蛤蜊、龙井蛤蜊等。

购存技巧

选购蛤蜊时，可拿起轻敲，若有“砰砰”声，则蛤蜊是死的；若为“咯咯”较清脆的声音，则蛤蜊是活的。

贮存时可把蛤蜊放在清水中，并往水中放点盐。另外，也可以将蛤蜊放入冰箱冷藏。

豆芽蛤蜊冬瓜汤

材料

蛤蜊肉…………………… 250克
绿豆芽…………………… 500克
豆腐……………………… 200克
冬瓜……………………… 500克
食用油、酱油、盐…… 各适量

制作过程

1. 将绿豆芽择洗干净，备用；冬瓜洗净切块；蛤蜊肉洗净。
2. 将冬瓜、蛤蜊肉放入锅内，加清水适量，大火煮沸后，小火煲半小时。
3. 豆腐下油锅稍煎香，与绿豆芽一起放入冬瓜汤内，煮沸片刻，加入酱油、盐调味即成。

注意事项

蛤蜊本身极富鲜味，烹制时千万不要加味精，也不宜多放盐，以免失去其特有的鲜味。烹饪蛤蜊，要提前一天用水浸泡蛤蜊，这样可让蛤蜊吐净泥沙。

宜忌

蛤蜊性寒，脾胃虚寒、腹泻便溏、感冒、胃痛、腹痛等患者及女子月经来潮期间及妇人产后忌食。蛤蜊不宜与啤酒同食，否则会诱发痛风。此外，不要食用未熟透的蛤蜊，以免感染肝炎等疾病。

玉米 yumi

玉米是禾本科草本植物玉蜀黍的种子，又称包谷、苞米、棒子，粤语称为粟米，闽南语称作番麦。玉米原产于中美洲，哥伦布发现美洲大陆后把玉米带到西班牙，并逐渐传到世界各地。

营养价值

玉米含有粗纤维、蛋白质、脂肪、碳水化合物、维生素E、胡萝卜素、卵磷脂、亚油酸、叶黄素和镁、磷等矿物质。其中，含有的粗纤维，比精米、精面高4～10倍。亚油酸含量也很高，在谷实类中含量最高。

膳食价值

玉米具有调中开胃、益肺宁心、清湿热、利肝胆、延缓衰老、美容及降血脂的功效，适宜脾胃气虚、气血不足、动脉硬化、高血压、冠心病、肥胖症、脂肪肝、癌症、慢性肾炎等患者食用。女性常食玉米，还可预防子宫癌。

食用方法

玉米子粒食用途径多，可烧煮、磨粉或制膨化食品，还可酿酒。玉米淀粉制成的糖浆无色透明、果糖含量高，可制糖果、糕点、面包、果酱及饮料等。

购存技巧

玉米以粒大、饱满、均匀为佳。

干玉米可存贮在阴凉、干燥、通风的地方；鲜玉米应放入保鲜袋或塑料袋中，封好口，置于冰箱里冷冻保存。

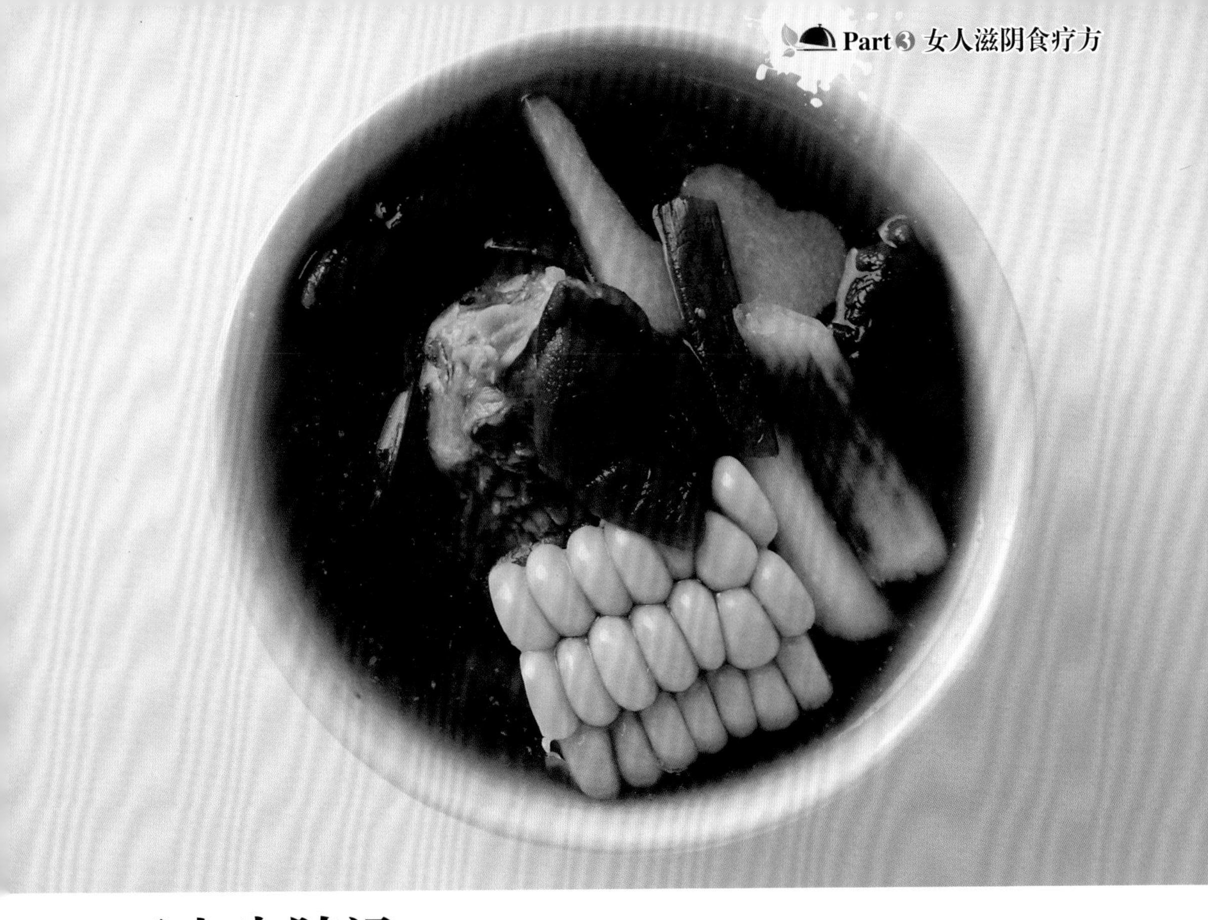

玉米牛腩汤

材料

鲜玉米…………………………… 120 克
牛腩……………………………… 200 克
山珍菌…………………………… 50 克
盐、葱、姜……………………… 各适量

注意事项

吃玉米时应吃玉米粒的胚尖，因为玉米的许多营养都集中在这里。烹调时虽然会使玉米损失部分维生素 C，却可以获得更有营养价值的抗氧化剂。

制作过程

1. 将玉米洗净切小块，牛腩洗净切块，山珍菌洗净，葱洗净切段，姜洗净切片。
2. 将所有材料放入锅里，大火烧开。
3. 改小火炖 90 分钟（煲则 3 小时以上），至熟透后加盐稍煮几分钟即可。

宜忌

患有干燥综合征、糖尿病、更年期综合征的人忌食爆玉米花。玉米发霉后能产生致癌物，所以不宜食用。不宜以玉米为主食，否则会导致营养不良，不利身体健康。

玉竹 yuzhu

玉竹又名葳蕤，为百合科植物玉竹的根茎。原产我国西南地区，现大部分地区均有栽培。春、秋两季均可采挖。洗净蒸透后，揉至半透明，晒干切厚片或段用。

营养价值

玉竹含有铃兰苦苷、山柰酚苷、玉竹黏多糖、维生素 A、玉竹果聚糖 A 和淀粉、黏液质、钙、锌、锰、铜、钾、磷、镁、硅、铁等营养成分。

膳食价值

玉竹味甘多脂、质柔而润，是一味养阴生津的良药。具有养阴润燥、除烦止渴、降血脂、抗动脉粥样硬化等功效，可治热病阴伤、咳嗽烦渴、虚劳发热、小便频数等症。

食用方法

在药用方面，玉竹可煎汤、熬膏或入丸剂、散剂服用。食用上，玉竹可与其他食物、中药一起炖汤食用。其中，与玉竹经常配伍的中药有沙参、麦冬、地黄、贝母等。

购存技巧

玉竹以条长、肉肥、黄白色、光泽柔润、半透明、无毛须者为佳。

玉竹应置于通风干燥处贮存，注意避免阳光直射。

玉竹章鱼鹧鸪汤

材料

鹧鸪…………………………2只
猪瘦肉………………………250克
干章鱼………………………100克
玉竹…………………………25克
姜……………………………1片
盐……………………………适量

制作过程

1. 鹧鸪除去内脏，切去爪，洗净；猪瘦肉洗净切丁；玉竹、姜片洗净；章鱼清水泡半小时，洗净，切块。
2. 鹧鸪、猪瘦肉、章鱼放入沸水中煮5分钟，取出洗净，沥干水。
3. 在煲内放入适量清水煮沸，放入鹧鸪、猪瘦肉、玉竹、章鱼、姜，用大火煲开后改小火炖3小时，放盐即可。

注意事项

鹧鸪现多有养殖，每次食用量以1～2只为宜，一般隔4～5天食一次。古人认为鹧鸪喜食半夏、乌头的嫩苗，性燥，所以在烹制时要多放点生姜和甘草以防止食后生热疮。

宜忌

痰湿气滞、脾虚便溏、感冒、发热、阴虚内寒等患者忌食玉竹。鹧鸪肉不可与竹笋同食，否则会令人小腹发胀。

人参 renshen

人参又称为亚洲参，是具有肉质的根。主要生长在东亚，特别是寒冷地区。是我国传统的珍贵常用药材，被称为“百草之王”。其中，中国长白山野参闻名遐迩，是“东北三宝”（人参、貂皮、鹿茸）之一。

营养价值

人参含有人参皂甙、有机酸及酯类、果糖、葡萄糖、维生素 B_1、维生素 B_2、维生素 B_{12}、维生素 C、烟酸、叶酸、泛酸、甾醇、腺苷转化酶、铜、锌、铁、锰等成分。

膳食价值

人参具有大补元气、复脉固脱、补脾益肺、生津止渴、安神益智的功效，可治劳伤虚损、倦怠、反胃吐食、大便滑泄、虚咳喘促、自汗暴脱、惊悸、眩晕头痛、尿频、妇女崩漏、久虚不复等症。

食用方法

人参可煎汤服用、隔水蒸服、切片泡茶、切片含服、研粉吞服，也可与其他食材、中药一起炖汤食用。此外，人参泡酒喝也是一种常见的食法。

购存技巧

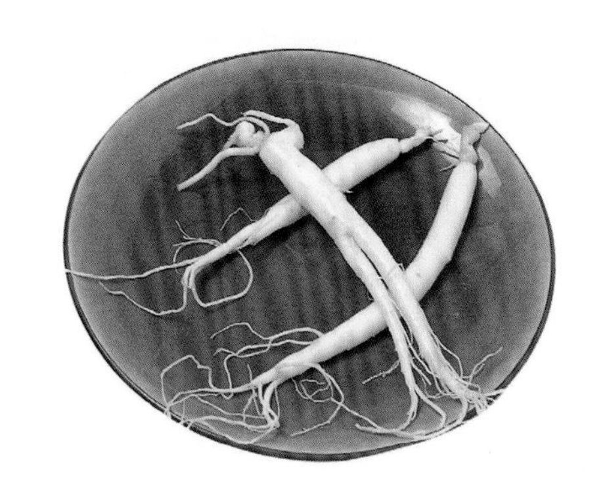

好的人参呈长条状，参根下部有分枝，像人形；参体结实，有沉重感；表皮鲜亮均匀，有皱纹；有浓郁的香味。

贮存时应把干透的人参放入塑料袋密封，以隔绝空气，置于阴凉干燥处即可。

人参茯苓鱼肚汤

材料

浮小麦……………………………10 克
茯苓、香菇……………………各 5 克
人参………………………………3 克
发好鱼肚………………………100 克
鸡肉、猪瘦肉………………各 50 克
生姜、盐……………………各适量

制作过程

1. 浮小麦浸透洗净，茯苓、人参、生姜洗净切片。
2. 鱼肚洗净，切块状或条状；鸡肉、猪瘦肉洗净，切块。
3. 以上用料放入炖盅内，加适量清水，盖上盖子，隔水炖。待锅内水烧开后，改中火炖 3 小时，然后去渣，调味即可。

注意事项

人参的浸出液可被皮肤缓慢吸收，促进皮肤血液循环。人参生用性偏凉，适用于一般气虚或阴不足者；制品红参性偏温，适用于阳气不足者。

宜忌

食用人参一定要循序渐进，不可操之过急、过量服食。另外，夏季天气炎热，不宜食用人参。实证、热证而正气不虚者及肿瘤患者不宜食用人参。服用人参后不宜喝茶、吃萝卜，以免影响药效。

百合 baihe

百合又称白百合，为百合科植物百合、细叶百合、麝香百合及其同属多种植物的干燥肉质鳞茎。主要产于亚洲东部、欧洲、北美洲等北半球温带地区。多于秋季茎萎时采挖。百合食用历史悠久，公元4世纪，人们就发现了它的食药用价值。

营养价值

百合除了含有蛋白质、脂肪、还原糖、淀粉、钙、磷、铁、维生素B_1、维生素C等营养素外，还含有一些特殊的营养成分，如秋水仙碱等多种生物碱。

膳食价值

百合具有润肺止咳、宁心安神、美容养颜、清火养阴的功效，特别适合养肺、养胃的人食用，如慢性咳嗽、肺结核、口舌生疮、口干、口臭的患者；对病后体弱、神经衰弱、心悸等患者也大有裨益。

食用方法

百合的食用方法很多，可泡茶、煮粥、汁饮，也可入菜肴，炒、煎、烧、蒸、煮皆宜。配伍其他食材能做出各色美味，其中常见的有百合雪莲、蜜饯百合、糖水百合等。

购存技巧

百合以瓣匀肉厚、黄白色、质坚、筋少者为佳。

鲜百合可用保鲜袋包好置冰箱内冷藏，干百合可置于阴凉通风干燥处贮存。

西芹百合炒腰果

材料

百合……………………… 50克
西芹……………………… 100克
胡萝卜…………………… 50克
腰果……………………… 50克
食用油、盐、糖……… 各适量

制作过程

1. 百合洗净去头尾，分开数瓣；西芹洗净切丁；胡萝卜洗净切小薄片。
2. 锅内放食用油，冷油小火放入腰果炸至酥脆捞起晾凉。
3. 将锅内食用油倒出一半；剩下的油烧热，放入胡萝卜片及西芹丁，大火翻炒约1分钟。
4. 放入百合，加盐、糖，大火翻炒约1分钟后盛出，撒上晾凉的腰果即可。

注意事项

烹饪时，将西芹先放入沸水中焯烫（焯水后要马上过凉），不仅能让西芹颜色翠绿，还可以缩短炒菜的时间，从而减少油脂对蔬菜的侵害。

宜忌

百合性寒黏腻，脾胃虚寒、湿浊内阻、风寒咳嗽、虚寒出血、脾胃不佳、感冒、发热者不宜食用。

麦冬 maidong

麦冬又名麦门冬，为百合科植物的块根，呈纺锤形，两端略尖，长 1.5 ～ 3cm，直径 0.3 ～ 0.6cm，4 ～ 5 月采挖。有杭麦冬、川麦冬、土麦冬之别，主产浙江、四川，江苏、云南、广西等地亦有出产。

营养价值

麦冬不仅含有多种甾体皂苷、豆甾醇、菜油甾醇、黄酮类、挥发油、氨基酸、钠、钾、钙、铁、铜、锰、锌等成分，还含有丝氨酸、精氨酸等 15 种游离氨基酸。

膳食价值

麦冬具有养阴生津、润肺清心的功效，用于肺燥干咳、阴虚痨咳、喉痹咽痛、津伤口渴、内热消渴、心烦失眠、咯血、肺痿、肠燥便秘等症。

食用方法

麦冬可研成粗末，用开水单独泡饮；或搭配玉米须、桑叶、绿茶泡喝；也可配伍其他食材、药材炖汤食用，如和沙参、老鸭肉一起烹饪成美味与疗效俱佳的沙参麦冬汤。

购存技巧

麦冬以表面淡黄白色、肥大、质柔、气香、味甜、嚼之发黏者为佳。

贮存麦冬时，可将其置于阴凉干燥处，注意防潮、防虫蛀。

麦冬鸡汤

材料

人参须………………………… 20 克
麦冬…………………………… 30 克
土鸡……………………………… 1 只
盐………………………………适量

注意事项

凡是温燥犯肺、干咳无痰或痰少而黏者，可选麦冬与桑叶、沙参、天花粉配伍食用。凡是热伤胃阴、津液不足、口渴咽干、舌红少苔的，可选麦冬与玉竹等配伍食用。

制作过程

1. 将土鸡去毛及内脏，洗净，然后沸水烫去表面血渍，捞起冲洗切块；人参须洗净；麦冬洗净剖开中间将心去除。
2. 将鸡块、人参须、麦冬放入炖盅，加清水八分满。
3. 小火炖 2 小时，鸡肉熟烂后加盐即可食用。

宜忌

脾胃虚寒泄泻、风寒咳嗽、湿浊中阻者不宜食用麦冬。麦冬不宜与鲤鱼、鲫鱼、款冬、苦参一起食用。此外，麦冬也不宜与木耳同食，否则会引起胸闷。

猪肉 zhurou

猪肉又名豚肉，是猪科动物家猪的肉，是人们餐桌上重要的动物性食物之一。猪肉纤维较为细软，结缔组织较少，含有较多的肌间脂肪，烹调后味道特别鲜美。

营养价值

猪肉含有维生素A、维生素B_1、维生素B_2、维生素E、蛋白质、脂肪、烟酸、碳水化合物、膳食纤维、胡罗卜素、钙、镁、钾、锰、磷、锌、钠、铜、硒、铁等营养成分。

膳食价值

猪肉具有补肾养血、滋阴润燥等功效，用于温热病、热退津伤、口渴喜饮、肺燥咳嗽、干咳痰少、咽喉干痛、肠道枯燥、大便秘结、气血虚亏、羸瘦体弱等症。

食用方法

猪肉可入菜肴，炒、煮、炖、焖、蒸皆宜。猪肉最好与豆类食物搭配，因为豆制品含有大量卵磷脂，可以乳化血浆，使胆固醇与脂肪颗粒变小，能防止硬化斑块的形成。

购存技巧

新鲜猪肉肉质紧密、弹性好、皮薄、膘肥嫩、色雪白、有光泽、有香味，瘦肉部分则呈淡红色、有光泽、不发黏。

贮存时可将猪肉切成肉片，放入塑料盒里，洒上一层料酒，盖上盖，放入冰箱冷藏。

清蒸酥肉

材料

去皮五花肉…………… 250 克
鸡蛋……………………… 2 个
盐、料酒、淀粉……… 各适量

制作过程

1. 去皮五花肉洗净切片，拌入调味料码匀入味；再拌入鸡蛋液、淀粉，调匀上浆。
2. 锅内放油烧五成热，逐一将裹上鸡蛋液、淀粉的肉片放入锅内油炸至浅黄色捞出，码入盘内，加入调味汁上笼蒸至熟软出笼。
3. 净锅放入蒸酥肉的原汁，调味，勾薄芡上桌即可。

注意事项

炸酥肉时油温不宜太高，应注意控制在适中范围内。猪肉应烹熟，如果生吃，可能会在肝脏或脑部寄生钩绦虫。另外，猪肉不宜长时间泡水。

宜忌

猪肉不宜多食，肥肉尤其如此。多食会助热，使人体脂肪蓄积，身体肥胖或血脂升高，导致动脉粥样硬化，产生冠心病、高血压等。肥胖、血脂过高、冠心病、高血压者忌食猪肉。

薏米 yimi

薏米又有薏珠子、薏仁、苡仁、药玉米等名称，为禾本科植物薏苡的种仁。我国大部分地区均有出产，主产地为福建、河北等地，秋季果实成熟后采收。

营养价值

薏米含有蛋白质、脂肪、糖、维生素 B_1、氨基酸、薏苡脂、腺苷、薏苡素、薏苡仁多糖、中性葡萄糖、酸性多糖、磷、钙、铁、镁等营养成分。

膳食价值

薏米有健脾利湿、清热排脓等功效，用于脾虚泄泻、水肿、脚气、白带、湿痹、关节疼痛、肠痈、子宫颈癌、多发性疣、筋脉痉挛等症。长期食用薏米，还可以使皮肤光滑细腻、白净有光泽。

食用方法

薏米是我国传统的食品资源之一，可煮粥、饭，也可磨成粉制成糕点、面食、馒头食用，还可以添加在其他食物内炖汤或烹饪菜肴。

购存技巧

薏米以粒大、饱满、色白、完整者为佳。

保存薏米的原则是低温、干燥、密封、避光。买回来的薏米可用包装袋密封，放入冰箱内冷藏。

薏米马蹄猪肉汤

材料

猪瘦肉……………………………250 克
马蹄……………………………… 50 克
薏米……………………………… 25 克
盐、味精…………………………各适量

注意事项

淘洗薏米的时候要轻轻淘洗，不要用力揉搓，以免营养流失。此外，在煮薏米之前应先把其浸在水中泡软，这样有利于更快煮熟。

制作过程

1. 马蹄去皮洗净，切成两半；猪瘦肉洗净切成粗丁，薏米洗净待用。
2. 将马蹄、猪瘦肉、薏米放入煲内，加清水1200 毫升，煲约 2 小时。
3. 加盐、味精调味即可。

宜忌

薏米所含的醣类黏性较高，不宜多吃，吃多会妨碍消化。大便燥结、小便短少、因寒转筋、脾虚无湿者和孕妇不宜食用薏米。正值经期的妇女也应该避免食用薏米。

兔肉　turou

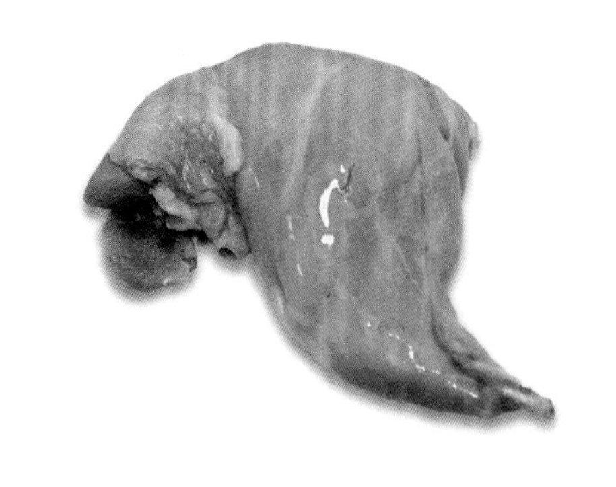

兔肉包括家兔肉和野兔肉两种，为兔科动物家兔、东北兔、高原兔、华南兔的肉。家兔肉又称菜兔肉。在日本，兔肉被称为“美容肉”，极受年轻女子的青睐，常作为美容食品食用。

营养价值

兔肉是一种高蛋白、低脂肪的食物，含有维生素A、维生素B_1、维生素B_2、维生素E、蛋白质、脂肪、烟酸、碳水化合物、胡萝卜素、锰、铁、锌、铜、钙、钾、镁、磷等成分。

膳食价值

兔肉有滋阴凉血、益气润肤、解毒祛热、补脾止渴的功效，用于脾虚气弱、营养不良、体倦乏力、脾胃阴虚、大便秘结、胃肠有热、呕逆、便血等症。女性常食兔肉，既可祛病强身，又可保持身体苗条。

食用方法

兔肉可入菜做汤；也适用于炒、烤、焖、红烧、粉蒸、炖汤等烹调方法，如兔肉烧红薯、椒麻兔肉、粉蒸兔肉、麻辣兔片、鲜熘兔丝和兔肉圆子双菇汤等。

购存技巧

新鲜的兔肉有光泽、红色均匀、脂肪为淡黄色、外表微干或微湿润、不粘手、有弹性。

兔肉可放入保鲜袋内密封，置于冰箱里贮存。

熟地首乌兔肉汤

材料

兔肉……………………… 250 克
首乌……………………… 15 克
熟地……………………… 8 克
女贞子…………………… 5 克
姜片、食用油、料酒、盐
…………………………… 各适量

制作过程

1. 全部药材洗净，浸透；兔肉洗净，斩成中块，沥干水分。
2. 上述原料一同置于炖盅内，加 750 毫升清水，炖盅加盖，隔水慢炖，待水开后，用小火续炖 2.5 小时。
3. 除去药材渣，加油、盐、料酒、姜片调味即可。

注意事项

兔肉肉质细嫩，肉中几乎没有筋络。兔肉必须顺着纤维纹路切，这样才能保持菜肴形态美观，肉味更加鲜嫩；若切法不当，兔肉烹调后会变成粒屑状，而且不易熟烂。

宜忌

脾胃虚寒、腹泻便溏、小儿痘出者、孕妇及月经来潮、有明显阳虚症状的女性不宜吃兔肉。兔肉不能与鸡心、鸡肝、獭肉、橘、芥、鳖肉、鸭血、芹菜、鸡蛋同食。

图书在版编目（CIP）数据

这样吃补阴阳：男人壮阳女人滋阴菜谱 / 柴可夫主编. -- 杭州：浙江科学技术出版社，2015.1

ISBN 978-7-5341-6308-1

Ⅰ. ①这… Ⅱ. ①柴… Ⅲ. ①男性—补阳—菜谱②女性—补阴—菜谱 Ⅳ. ①TS972.161

中国版本图书馆CIP数据核字(2014)第258709号

书　　名　这样吃补阴阳——男人壮阳女人滋阴菜谱
主　　编　柴可夫

出版发行　浙江科学技术出版社
杭州市体育场路347号　邮政编码：310006
联系电话：0571-85176040
E-mail：zkpress@zkpress.com
排　　版　广东犀文图书有限公司
印　　刷　广州汉鼎印务有限公司
经　　销　全国各地新华书店

开　　本　710×1000　1/16　　印　张　10
字　　数　120 000
版　　次　2015年1月第1版　　2015年1月第1次印刷
书　　号　ISBN 978-7-5341-6308-1　　定　价　29.80元

责任编辑　刘　丹　王巧玲　　**责任校对**　王　群　梁　峥　李骁睿
特约编辑　李俊民　　**责任印务**　徐忠雷
责任美编　金　晖